我们居住在黑洞里

（第二版）

蒙少辉 著

加拿大国际出版社

Canada International Press

书名：我们居住在黑洞里

作者：蒙少辉

出版：加拿大国际出版社

印刷版 ISBN：978-1-990872-50-1

9 781990 872501

电子书 ISBN：978-1-990872-51-8

2022 年加拿大第一版

2023 年加拿大第二版　字数 163 千字

Title: We live in a black hole
Author: Meng Shaohui
Publisher: Canadian International Press
Print ISBN: 978-1-990872-50-1
eBook ISBN: 978-1-990872-51-8
First Canadian Edition 2022
2023 Canada Second Edition Word Count 163,000 words

作者的话

　　我不是一名科学家，我只是一名思想者，我不确定这些文章能够改变什么，我只是享受探索过程带给我的快乐，并且通过把自己的想法记录下来把这份快乐与你分享。

蒙少辉

2022 年 7 月 15 日

中国佛山

本书简介

　　这是一本通俗易懂的科普读物。作者把相对论和黑洞理论糅合成一套超越标准模型的新知识体系用于解释引力起源等问题，是目前为止解释宇宙物理现象最科学、最简洁、最接近真实的理论。这套理论最大的优势在于以只需接受过中等以上教育的普罗大众都基本掌握并且成熟的科学知识为基础，成功解开了暗物质与暗能量之谜，解决了时空膨胀机制等科学难题，为人类认识宇宙带入一个崭新阶段提供一个契机，将会成为诺贝尔物理学奖有力的候选成果。

　　作者提出宇宙万物都是由"熵"构成的并且最终演变为熵。熵包含了能量熵和信息熵，人类正是透过对来自深空的信息解读重建宇宙历史的。

　　最近有两个国际学术成果证实了熵理论的预言，引发全球科学家热议，其一是加拿大圆周研究所的两位科学家利用黑洞熵解释宇宙起源，得到一个循环宇宙的模型，被认为是最有希望解决爱因斯坦场方程难题的成果。其二是伊朗科学家研究宇宙演化史，得出一个结论，宇宙的膨胀以及加速膨胀可能来源于遍布时空的"空洞"，但是并不清楚引起空洞扩张的动力学来源。这两个成果分别证实了《我们居住在黑洞里》的预言，不但如此，这本书更是对相关的动力学提出了完整的解决方案，并且书中预言的若干成果目前还没有其他学者注意到，相信将陆续被证实。

　　揭开宇宙的奥秘并且实现星际间自由航行是人类的终极梦想，可是科学家却告诉你，当你仰望夜空时，象指甲那么小的微弱光斑每一个可能都是由数千亿颗太阳组成的庞大星系，宇宙之大之神秘超乎想象，两颗暗淡的星光之间看起来仅有一个手指宽的夜空实际距离可能有几亿光年，就算你化作一道金光飞行也要花几亿年才能到达。把星光分开的黑漆漆的暗夜好象啥都没有，正如你关了灯躲进被窝里时，伸手不见五指，也摸不着任何东西一样，然而那无尽的漆黑却充满了一种称为暗能量的物质，正是这种能量把一个个的星系分隔得那么远，阻碍着人类的宇航梦和星际移民。解释暗物质暗能量本质是当代宇宙学物理学最重要的任务之一，过去一百年里无数科学精英都想解开这个谜团却一次次落空，《我们居住在黑洞里》这本书首次利用爱因斯坦质能方程、场方程糅合黑洞热力学理论找到了令人信服的答案，并且告诉你如果没有这种暗能量一切生命形式都不可能存在，它是我们的守护神。

　　一直以来科学家都认为如果星系之间的引力比现在大哪怕万分之一，整个时空都将发生坍塌，不但人类、地球不会存在，就连满天的星斗都将塌缩成一个针孔那样大的奇点。《我们居住在黑洞里》却以种种事实证明，星系间的引力不但不会阻止时空膨胀，相反引力越大时空膨胀得越快，是什么原因令时空不断膨胀的呢？暗能量的本质究竟是什么，微波背景辐射又是由什么组成的，为什么夜空如此漆黑？我们的宇宙是怎样起源的，为什么宇宙如此平滑，天外真的还有天吗？在茫茫宇宙里象人类这样的生物是不是普遍存在的，人类能不能实现穿越？这些一直令你困惑的疑问，你可以从这本书里找到与众不同的答案，不论你是普通读者还是专业研究人员，都可以收获前所未有的惊喜。阅读完这本书你将以一个崭新的视角看待宇宙、地球、生命和人类自身。

序 建立熵理论解开宇宙谜团

万物由熵构成并最终归于熵，这是对宇宙最简洁优雅的描述。

运用牛顿定律、爱因斯坦相对论、普朗克量子理论以及标准模型等经典理论，人类对物质世界已经有了深刻的认识，但是标准模型并不包含暗能量暗物质和引力，因此它同样不能解决时空平滑性、各向同性以及为什么允许时空粗糙度的存在。虽然提出了暴胀理论作为补丁，但它仅仅解决了大爆炸初期的一些困难，在后来的 138 亿年间宇宙中任意两点都因膨胀而远离，全域都缺乏交流，宇宙的演化应该越来越差异化才合理，为什么这种同性仍然得以保留，并且即使再过千亿年仍能保持一致？正如地球上的生物虽然拥有共同的起源，经过长期演化后已经分化出超过百万种完全不同的物种一样，不确定性原理理应限制宇宙的发展趋同，因此我们需要一套更简约合理的理论处理这些问题。

"如果我们确实发现了一套完整的理论，它应该在一般的原理上及时让所有人（而不仅仅是少数科学家）所理解。那时，我们所有人，包括哲学家、科学家以及普普通通的人，都能参加为何我们和宇宙存在的问题的讨论。如果我们对此找到了答案，则将是人类理智的最终极的胜利"[霍金]。

在这本书中作者尝试利用爱因斯坦质能方程、宇宙场方程以及黑洞力学四大定律、黑洞熵公式、黑洞温度公式等黑洞理论整合形成一套标准模型以外的知识体系，用于描述一个完整的宇宙历史，同时破解暗能量暗物质的本质并且实现两者的统一。研究结果表明，标准模型主要用于揭示强力、弱力和电磁力，而这套新体系则主要描述引力和排斥力，经典理论与黑洞理论结合正逐步接近霍金提出"一套完整理论"的终极目标。

正如霍金博士在他的作品《时间简史》和《果壳中的宇宙》里所说的那样，宇宙是一门古老的学问，不会因为你是否受过专业教育而限制了你对宇宙的好奇心，人们在议论这个话题的过程中享受到的快乐是无与伦比的，并且通过讨论宇宙思考人生。

在哥白尼时代，就算是最顶尖的科学家也不知道宇宙的真相，一直以来地球作为宇宙的中心已经深入人心，现在，就连学龄前的孩子都知道，我们的地球仅仅是围绕太阳旋转的一颗普通的行星，而且太阳也只不过是银河系里一颗普通的恒星。这得益于科学的发展，一方面知识的普及，另外一方面数量众多的影视作品可以让每一个人都可以轻轻松松地获得各种各样的资讯。据说，爱因斯坦的《相对论》刚刚面世时，能够读懂它的科学家也就寥寥数人，经过一个世纪的科学发展，现在，相对论思想就算不能说家喻户晓，最起码已经是学习宇宙学甚至很多科学研究最基本的工具，除了教育的进步之外，象霍金博士《时间简史》和《果壳中的宇宙》这样的通俗书籍的传播起到了不可磨灭的作用，这些作品帮助历史上最伟大的科学家走下神坛，把他们艰深的科学思想变成感性易懂的生活信息，充分展示了科普书籍在普及科学，激励人们热爱科学，投身科学研究方面的重大意义。本书没有高深的数学计算，只是一名普通读者阅读思考《相对论》和《时间简史》、《果壳中的宇宙》的读书心得，所以相信更能够引起读者的共鸣。

十几年前第一次阅读霍金博士的《时间简史》心情非常激动，后来又重读了一遍。最近第三次阅读，多了一丝沉稳和思考。这部书首次发行到现在，宇宙学又有了很大发展，许多新成果涌现，对大爆炸理论提出了挑战。大爆炸理论中凡是不能利用现代成果解决的问题，都作了回避，因此从整体上来看，霍金博士的整个思路贯穿了弱人择思想，在科学力量仍然没有办法解决的时代这是无可奈何的解决方法。但是，科学需要进步，需要破旧立新，我们不可能永远停留在妥协之中，否则就不会有哥白尼出现，不会有牛顿出现，不会有爱因斯坦出现，也不会有霍金出现。后来者必需承担起探索进取突破前人的责任，我们的方向是——在抛弃了人择理论以后仍然可以利用一系列自洽的科学定律解释我们的宇宙和我们的存在。

这本书有很多独立创新的思考，前后的文章之间存在因果关系。在第一章中介绍了作者在运用相对论解释宇宙学上取得突破的契机，并且在第二第三章中逐步论证了我们的宇宙必需存在两个相对性体系才能继续演化，为在第四第五章中解释暗能量暗物质的本质以及解决时空膨胀机制、时空平滑性、各向同性、宇宙起源等问题建立理论基础。书中可能出现较多与主流观点不同的意见引起你的不快，如果你渴望探索宇宙的真相，需要你具有继续把它读完的信念并且不能错过很多细节才能作出判断。或许你认为这些观点仅仅是作者的直观经验，不值得信任，但是不管你采用何种数学方法，我相信最终只能得到与这本书预言的相同结论。

作者提出的新主张渴望得到大家的认同并能够吸引其他学者参与研究，但是这些想法不是结论，仅仅是百家争鸣的一部分，需要读者以包容开放的态度看待。我们只是希望能够通过交流分享传递对科学奥秘探索的激情，吸引人们对我们居住的时空保持好奇，同时唤醒人们对地球的热爱，珍惜生命，仅此而已。

本书分为两部分，第一部分，"黑洞膜循环宇宙"，是作者对宇宙起源、演化发展的思考以及对大爆炸理论、黑洞理论的一些探索。广义相对论是由爱因斯坦建立的，而霍金毫无疑问是黑洞理论最重要贡献者之一。本书可作为《时间简史》《果壳中的宇宙》的拓展，希望通过对他们科学思想直观的理解试图把霍金作品完成后近期的新成果结合到两本书中，对他没有展开讨论的问题作出补充解释，对霍金书中某些现在看来可能不一定正确的观点提出修改意见，将帮助读者更客观更具体细致地了解相对论的伟大。

作者尝试以爱因斯坦质能方程和黑洞方程为数学依据，建立一个称为熵理论的思想体系，并根据黑洞理论提出了与大爆炸热宇宙模型刚好相反的冷宇宙起源，有效地克服了大爆炸理论中不得不选取的人择原理，取而代之的是一套现行的普适的物理定律。新模型显示宇宙的起源及演化历史仅取决于三个量——牛顿力学中万物皆具的"质量"，爱因斯坦相对论中的"暗能量"以及霍金黑洞中的"熵"。这套模型并不支持暗物质粒子的存在，也不需要引力子出现，可能为大统一理论带来希望。但是我必需提醒读者，即使实现了大统一理论，并不意味着这就是终极理论，所有的理论可能都是阶段性的，只要人类仍然存在，必定有新的理论不断创生。

这部分的内容中有些想法虽然是以霍金-彭罗斯的理论为依据作出的推导，但是得出的结果并不支持他们关于奇性的结论，相反与爱因斯坦以及前苏联科学家叶弗根尼-利弗席兹和艾萨克-哈拉尼科夫 1963 年作出的推导结果吻合，提供给读者参考。

第二部分，"人类在宇宙中的位置"。根据第一部分关于宇宙的起源和演化，尝试回答霍金提出的"为何大爆炸发生于大约 138 亿年前——智慧生物却需要那么长时间演化才在最后时刻出现"。通过比较行星学、系统学，探讨了地球构造运动的起源和发展，并且把构造运动（板块运动）的演化与生命起源，生物大爆发、大灭绝事件以及冰河世纪等自然现象统合到地球系统理论中来，论证了地球核幔圈、岩石圈、水圈、大气圈、生物圈与人圈之间协同演化的辩证关系。书中提出了很多值得读者思考的问题，希望能够为探索宇宙奥秘，正确认识地球历史，唤醒人类的良知，珍惜地球贡献一点微薄的力量。

"空山枯叶落，寂寞舞风中，千年无人识，犹自醉残红。"一个新思想总是不容易被接受，你需要忍耐和坚守信念，即使遭遇无数冷漠，仍然不能放弃对美好未来的追求和期待。

希望这本小册子能够成为你我沟通的桥梁以及连通宇宙时空隧道的思想虫洞，在这个过程中找到懂我的人。

目 录

第一部分

黑洞膜循环宇宙

一、我们的宇宙是一个二元开放系统

相对论的建立标志着现代宇宙物理学的开始，爱因斯坦认识到时空并非仅仅是一个供宇宙演化的舞台，它本身也是重要的演员，这是人类对时空认识的一次革命。在这本书里，我将进一步为读者证明不存在舞台，不论是天体还是时空都是演员，各类天体与空间不是两个截然分立的对象，暗物质以及一切物质和宇宙结构最终都转化为时空，整个过程时空将膨胀；时空则在收缩到某个极其特殊的尺度下相变为物质并进一步形成结构，同时释放出巨大的能量（熵）从而发生大反弹事件。物质本身是时空的一种形式，时空则是物质的另外一种形式，两者是同一种质能不同的形态，正象海水不是冰山的舞台，冰山也不是海洋中的演员，海水与冰山是一体二相一样——在某种条件下海水相变出冰山，而在另外某种条件下冰山重新相变为海水。并且我将证明宇宙并不存在绝对真空。我们的宇宙既由爱因斯坦的相对性原理制约，同时允许牛顿绝对时空的存在——与牛顿描述的不同在于这个绝对时空并非静止的而是动态变化的，两者并没有冲突，而是分别描述不同的宇宙状态。不同的理论之所以能够并存是因为我们宇宙的历史实际上是不同维度的演变过程，当中包含了一维到四维，并且时空在不同的维度拥有不完全一样的属性，时间空间的属性以及适用的物理定律也不完全相同，不同的理论适用于不同的时空维度。我将一步步论证四个维度各自承担不同的作用，大致上可以这样区分——一维的时间、空间和信息确保我们的宇宙从一个大反弹（大爆炸）开始一直演化到下一次循环，只有一个方向，从不停顿。二维的时空储存"熵"并且与三维世界透过"相对运动"交换能量，实现结构上的变化，使我们的宇宙远离平衡态，得以不断演变发展，而正是这一点体现了"相对论"的精髓。量子理论认为空间和时间是静态的背景，而粒子则处于运动之中，这样的描述实际上包含了牛顿绝对时空观与相对论的融合，也最能体现我们的宇宙是一个二元系统的观点。三维的物质世界允许星球的存在并最终使我们得以出现。四维的事件边界不但确保我们的宇宙保持守恒的物质能量总量和守恒的各种数值，并且确保信息不会泄露到宇宙以外，使每一次的循环不会丢失质量、能量和熵，这样的结果使我们的宇宙始终保持一个自洽的完整体系。

四维卷曲时空	黑洞外视界（宇宙边界）	大统一强场	四种自然力统一为强引力
三维弯曲时空	标准模型（物质元） 重子、轻子、介子	爱因斯坦- 牛顿引力场	强力、弱力、电磁力、引力
二维平直时空	黑洞内视界（能量元）暗物质 暗能量、微波背景辐射、熵	大统一弱场 宇宙学常数	四种自然力统一为弱排斥力
一维循环时空	空间（膨胀-收缩）时间、信息	从大反弹到大反弹，永续向前，从不停留	

黑洞内视界：根据已有的黑洞成果以及科学家对事件视界的认识，我们推测整个黑洞只有外视界具有强大的引力，航天员在穿越这堵墙时是极度痛苦的，一旦穿过事件视界进入黑洞内部，

将发现那里超乎异常地宁静，所有的成员都拥有极高的自由度，不存在所谓的强奇点引力源，也不存在所谓永远到达不了的时空，但是你将看到每一个成员模样都是完全一样的，你不能分辨出彼此有任何不同之处，不论你的前世是什么，在那里都演变成处于平衡态的全同粒子，大家都失去了前身的所有信息，所有成员都被赋予一个新的身份信息——暗能量子（熵）——黑洞内视界的状态方程由黑洞熵描述。

我们今天掌握的科学理论绝大部分仅仅是一族描述其中三维的物质世界的物理定律，对其它维度的认识才刚刚开始。但是用于描述我们宇宙历史的坐标将和霍金的有所不同，时间维和空间维不是直角坐标，宇宙历史的世界线是一个开口的纺锤形螺旋线，就象一个香塔。它的本相是一个扁平的二维膜，当你拉伸它的时候这个二维膜将变成一个由小到大由内向外膨胀的三维空间。当你燃烧这个香塔时，物质转化为能量，香的灰烬将呈现出一个由大到小由外向内重新收缩的完美二维膜，由物质构成的香塔最终演变成一种无用能——熵。

这套理论以熵作为认识宇宙的窗口，与大爆炸模型最大的分别在于三个方面，其一，大爆炸理论决定了时空必须由奇点开始，必定存在一个热爆炸模式并且需要一个古思式的暴胀——这个著名的暴胀理论正是为了解决大爆炸模型的漏洞而提出的补丁。暴胀学说认为，在宇宙诞生后约 10^{-36} 秒到 10^{-32} 秒短暂的时间内，宇宙空间以超越光速数万倍的速度膨胀，尺度被放大约 10^{26} 倍——这相当于瞬间把亚原子尺度的空间扩展到太阳系尺度，这样可以抹平原初宇宙可能存在的不均匀性，以此来解释微波背景温度的均匀性与时空的各向同性。但是即使暴胀理论本身也是千疮百孔，为了弥补这些模型的缺陷，科学家不断修改，加补丁，使理论越来越复杂，以至达到普通人无法理解的程度。其实只要我们用科学的审慎态度去稍微思考一下，就会发现这套理论存在的巨大疑问。大爆炸发生后不到一秒时间内，奇点由小于亚原子体积的尺度扩大到太阳系尺度的确称得上暴胀，但是宇宙学原理告诉我们：需要达到十亿光年以上范围时空才能表现为各向同性，而最新的成果显示，即使在十亿光年范围内也发现由一连串庞大的星系团连接而成的"长城"结构，表明在这样的尺度上时空仍然具有各向异性。我们也知道太阳系的质量99.8%都集中在恒星太阳里，在这样一个极其有限的空间里太阳系这样微小质量的系统尚且不能得到均匀性，具有 10^{56} 倍太阳质量的宇宙以及高度蜷曲的时空其曲率怎么可能在小于一光年的范围内被抹平从而令宇宙空间达到高度平坦性呢。另外一个恒星质量的黑洞也能束缚光速不能逃逸，如果在如此短暂的时间如此小的尺度下物质以及辐射的膨胀速度已经下降到低于光速的水平，整个宇宙时空必定在大爆炸的瞬间重新塌缩。这使得暴胀大爆炸模型非常尴尬，熵理论可以避免遇到这样的困境。其二热爆炸决定宇宙的初始化时空必定是以产生大比例暗能量的方式开始，这是正反物质相互湮灭的必然结果。以熵理论为基础推导得出的黑洞大反弹循环宇宙不存在奇点，时空收缩到某个小尺度时整个宇宙由处于高密度叠加态的暗物质构成，时空变得极不稳定，从而引起相变产生出少量普通物质粒子同时发生反弹，促使高密度暗物质拉伸成疏散的暗物质晕，这一事件使时空瞬间产生大量熵并以暗能量方式驱动时空膨胀。由于这样的初始化动量并非如大爆炸理论预测的那样激烈，因此不会发生超越光速的暴胀。

其三、大爆炸理论建立在弗里德曼方程基础上，这套模型以及爱因斯坦宇宙场方程均认为，如果引力大于引起时空膨胀的排斥力，将会阻止时空膨胀并且重新收缩最终大坍缩，如果引力小于排斥力，时空将会大撕裂，熵理论得出新的结论，引力不能阻止时空膨胀，排斥力不能阻止时空收缩。只要大反弹发生，时空必定经历一个完整的由膨胀相演化到收缩相的历史，直到无熵增时代来临，时空必定重新收缩，循环至下一次大反弹。另外黑洞反弹可能产生一个低温凝聚态婴儿时空，构成婴儿宇宙的主要成分是暗物质而非暗能量，后宇宙时代的暗能量由热事件产生，因此很容易理解为什么早期时空以暗物质为主，越后期暗能量的作用越来越大。时空膨胀速度由熵增速度约束，时空存在起伏、普通物质在围绕暗物质框架下形成结构显得必然且自然，只要大反弹发生就必定产生目前我们看到的宇宙并且按照普适的物理定律演化到下一次循环，不需要对一系列参数进行调整。由于构成我们宇宙的基本组分只有有限几种，例如物质、能量、暗物质、暗能量等，总体上显得简约合理，因此我们相信宇宙的法则必定同样简洁明朗。我们这套理论不需要补丁，只需要承认黑洞熵与热力学的熵拥有不完全相同的行为即可解决所有问题。例如物质总是转化为能量——热力学向熵增方向演化，不可逆；一个足够大的宇宙黑洞可以是一个完全自足的系统，允许能量以某种特别的路径（例如转化为白洞）相变出物质，熵得以双向循环。这套理论统一了暗物质和暗能量，使构成宇宙的形态变得更加简洁，令到实际观测与相对论、经典理论和黑洞理论预测高度吻合，显示到目前为止人类对自然的理解几乎都是正确的，区别仅在于细节以及对现有理论的整合而已。

质能方程 $E=MC^2$ 和宇宙场方程 $R\mu\nu-1/2Rg\mu\nu=T\mu\nu-\Lambda g\mu\nu$ 是爱因斯坦"相对论"中推导出来的两个最重要又最为人知道的公式。然而，正如爱因斯坦本人并没有依据宇宙场方程得到大爆炸理论一样，包括他以及霍金博士等一群他的追随者同样没有发现，关于宇宙起源的另外一个版本早已包含在这一方程组里。如果说宇宙场方程隐藏着大爆炸理论，那么循环宇宙模型则隐藏在质能方程里。当我们在这本书里建议把场方程修改为方程组后，大爆炸理论将自动演变为循环理论，这样，相对论最重要的两条方程都指向同一个关于宇宙起源的结论——大反弹循环模型，一个完整的宇宙史可以简洁地看作是能量与物质相互循环相变的过程——这可能是宇宙的终极理论。根据质能方程还直接得出一个非经典结论——一个具有曲率的三维物质引力场可以等价于一个平直的二维量子能量场。这一发现可能很重要，尽管我不清楚对未来宇宙学将产生怎样的影响。

　　一个世纪以来，大爆炸理论似乎已经成为铁定结论，但是许多新成果不断涌现，对这套理论提出了挑战。其中一个遗憾在于它无法解决奇点的起源以及大爆炸如何发生。"如果科学定律在宇宙的开端处失效，它们不也可以在其他时间失败吗？如果定律只能有时成立则不能称之定律。一种好的理论可在一些最简单假设的基础上描述大范围的现象，并且做出被验证的预言。如果预言和观测相一致，则该理论在这个检验下存活，尽管它永远不能被证明是正确的。另一方面，如果观测和预言相抵触，人们必须将该理论抛弃或者修正。这也许是超过我们能力之外的任务，但是我们至少应该进行尝试"[霍金]。这本书正是一次这样的冒险。我以爱因斯坦场方程与质能方程以及霍金等人后期对相对论的发展所得的关于黑洞的成果为依据，引导出一套新的模型——我们的宇宙起源于一个黑洞大反弹，并且根据六个黑洞公式得出"宇宙的结局与引力的大小和空间曲率的大小无关，并且我们的宇宙并不存在所谓的临界密度"的结论，为解开宇宙学最大谜团——暗能量暗物质疑难提供了非常好的方案。"科学的终极目的在于提供一个简单的理论去描述整个宇宙"[霍金]。这套模型把宇宙万物归结为"熵"，正好符合这一期望，简洁优雅，消除了大部分繁复的参数，并且不需要增加新理论，同时可以与现行的物理定律兼容，将会成为一个美好的新里程。

为了在下面文章展开讨论时读者更容易理解，我们有必要先解释一个物理概念，什么叫引力？除了爱因斯坦利用弯曲时空解释引力的作用以外，我认为对引力的理解仍然需要补充，这样当我们提出可能不需要引入引力子这个概念时将容易得到读者的认同。但是，为了在实际应用中的方便以及语境的需要，我们仍然继续使用引力这个概念，并且需要引入排斥力作为第五种自然力以抵消引力作用。这样在实际应用中引力更多地看作是一种算符，而排斥力也可以称为反引力，在实际应用中仅仅是一个对应于引力的概念。

在霍金博士《果壳中的宇宙》一书中，他提到了两个观测和实验结果，一个利用单摆现象说明真空能的存在，另外一个利用卡西米尔效应说明真空能的基态涨落。我们仍然借助这两个实验来说明引力与真空能的关系。

利用一对金属板，可以测量出两块板之间一个微弱的卡西米尔力，表明真空能存在基态涨落。这时候，我们增加金属板的数量，使它不是一对而是无数，并且确保每一个金属板的大小以及板与板之间保持精确的距离。根据爱因斯坦对引力的解释，具有质量的物体在时空里构造出一个曲率，引力正是这个弯曲时空的表观现象。假设我们的空间是光滑平直的，万有引力处处相等——这样的条件在一个达到热平衡的孤立黑洞里是可以实现的。现在我们放置了两块金属板，这种平衡被打破了。由于金属板具有重力，出现了一个微小的曲面，尽管相当微弱，但是当两块金属板距离非常小时，根据牛顿万有引力定律——引力的大小与距离平方成反比，这样在两块金属板之间产生了可测量的引力，看起来在平板之间的基态起伏的能量密度就比外界的能量密度少了有限量。现在由于我们的金属板具有无数多而不是孤立的一对，例如下面图例所显示的那样：

　　——A——B——C——D——E——

当 AB 之间存在一个引力时，BC 之间同时存在一个相等的引力，这样 A 和 C 同时对 B 产生相等的拉力，这个拉力对于作用于 B 的引力而言是一个大小相等作用力方向相反的反引力，这时候引力和反引力之和为 0。一种更好的说法为，当上述的链接形成一个密闭的环时，即

　　A——B——C——D——E——A…….

这时候你将无法区分何为引力，何为排斥力，两者完全等价，因此对于引力或排斥力而言仅仅是一种相对性的表述而已。推广到 N 块金属板之间，尽管每一对个体都存在卡西米尔力，系统里的卡西米尔效应之和却仍然为 0，即时空中真空能的总能量为 0。这种经验在单摆实验中类似。我们的结论是在单个单摆中的确存在一个可以量度的真空能，但是当存在无数个单摆时，个体中形成的真空能便相互抵消了，这是因为这些真空能在系统里并不是处于叠加态而是处于平衡态，这样他们之间形成的引力将同时成为另外个体的排斥

力而相互抵消。一个更加客观的例子是，你想象有无数个天秤，每个天秤上放置绝对相等的砝码，这样的天秤系将是平衡的。可能有人会反驳，从每个独立的天秤看是平衡的，所有天秤加在一起将形成某个巨大的重力势，最终整个时空必将塌缩。是的，如果这是一个绝对静止的系统可能会出现这样的结局，值得庆幸的是我们的宇宙是一个"相对性的运动的"时空并且在不断膨胀，正是这种膨胀的排斥力阻止时空向内塌缩。这样我们就可以得出一个结论——只有在时空的局域才存在引力效应，在时空的全域引力之和确保为0。但是在某种情况下真空能将显示出理论值与实际观测值之间存在120个数量级的价值，那就是当时空中熵不再增加时支撑时空膨胀的排斥力消失，时空转化为收缩相，真空能的引力效应将显示出来，时空收缩尺度越小，真空能表现力越强，直到大反弹时刻，巨大的真空能瞬间转化为时空膨胀的排斥力，这可能是暴胀或类似于暴胀事件的驱动力。霍金在他的作品中以单摆作为实验对象时有一点误导了读者，我们需要予以澄清——我们不应该把单摆看作是一个实际的单体而是应该把它看作是一个一边摆动一边具有自振频率的"音叉"，这样在它摆动的整个过程中任意一点都不是确定的位置而是概率，从而避免了违反不确定性原理。事实上每一个基本粒子都具有某个独特的属于自己的频率，任意时刻它都不是静态的，包括单摆本身也非绝对静止的，只不过我们很难察觉它的自振罢了。

　　根据爱因斯坦质能方程，能量 E 是一种具有排斥力的"相"，而物质 M 则是具有万有引力的另外一种"相"，而两者是等价的，并且在某种条件下可以相互转化。直观可见的现象是，只需少量具有万有引力的普通物质通过热核活动就能够在瞬间释放出 N 多的排斥力，表现为爆炸——原因是部分物质 M 转化为巨大的能量 E——引力便转化为排斥力。相反，物质通过聚合反应吸收能量增加质量——例如超新星爆炸帮助小质量元素演变为大质量元素，从而使能量转化为物质。从这个意义上说，不论是物质还是能量无不包含引力和排斥力的二重性，是对立统一的两个方面，我们在后面的论证中将建议在我们的标准模型里不必要引入引力子这样的概念，这些概念或现象都是具有相对性的，可以在某个特定的系统里得到变换。事实上，在我们认识并且定义了的四种自然力中，每一种力都包含了与之对应的排斥力。不但引力当中包含了反引力，电磁力同时兼具吸引力和排斥力，强力内部也由于存在排斥力而具有渐近自由的特性，弱力本质上更是一种排斥力，是使基本物质粒子分裂衰变成为辐射的力，更重要的是整个的宇宙时空中排斥力无处不在，是决定我们宇宙状态和命运的重要力量。

　　到目前为止我们已经明确探测到的黑洞有两种，一种是恒星黑洞，另外一种是星系黑洞。根据霍金的推测，在宇宙诞生的极早时期可能存在一种原初黑洞，对这一猜想至今未能证实。我认为还有一种黑洞，这就是宇宙黑洞，尽管已经有不少学者提出这个概念，到目前为止，还没有太多人专门展开探讨。我将在这本书里着重讨论这个话题。

现代天文学物理学成果显示，恒星物质或星云物质转化为能量的基本途径主要有两种，一种是通过热核聚变，另外一种途径可能是通过黑洞的吸积。据观察发现，当恒星或星系中的星云、宇宙尘埃进入黑洞引力界面时，将被黑洞吸积形成吸积盘，最终恒星物质或星云物质将被吞噬殆尽，在这个过程中黑洞获得质量并壮大——一个直观的结论是黑洞的能量并非无中生有的而是由普通物质转化而来的，因此从本质上来说，构成黑洞的物质与构成恒星以及我们身体的物质是同源二相。但是时空中分布的大部分恒星实际上都远离黑洞吸积区，在没有被恒星黑洞或星系黑洞吸积的时空里，恒星每分每秒经由核聚变转化的能量实际上全部释放到背景时空中，那么我们认为这个广阔的背景时空就是一个宇宙黑洞是可以被接受的，即时空中的暗能量也不是无中生有的，是物质转化的结果。这样根据爱因斯坦质能方程可以推测出我们的宇宙空间是一个典型的二元开放性系统，它包括两个大的体系，一个体系由能量 E 构成，一个体系由普通物质 M 构成。由能量构成的体系包含几个子系统——暗能量、微波背景空间以及黑洞等，这个系统全部由不发光的质能构成，是一个极端低温（仅有 0.K----2.7K）的黑体系统。如果我们明确微波背景时空就是一个宇宙黑洞，那么我们似乎也可以同时认为，这个体系实际上只有一种结构——那就是黑洞——

一不同规模的黑洞，它们都是由暗能量组成的。根据黑洞第零定律，一个由暗能量构成的黑洞空间引力处处相等，这样的空间必定是二维平直的。如果我们的宇宙实质上是一个黑洞，那么整个空间呈现欧几里得平直性便理所当然了。另外一个体系由具有三维维度的物质构成，包括所有的星云、星系、恒星、行星、卫星、宇宙尘埃等与光、电、热辐射相关的结构，这样的空间曲率由能动张量的分布决定。由于物质能量具有正质量（引力），因此这样的空间必然具有三维正曲率。当这个二元体系结合在一起构成我们的宇宙时必然得到一个偏正平坦性的时空，这与我们测量所得的涨落高度吻合。

　　我们这种想法可以得到爱因斯坦质能方程支持，在这条方程中，爱因斯坦明确证明二维和三维两个元的质和能在某些条件下是可以相互转换的，并且是完全等价的。当能量 E 转化为物质 M 时二维转化为三维，我们称为升维。当物质转化为能量时，三维变成了二维，我们称为降维。维度的转化有时是可逆的，有些则不可逆。例如固体金属钠是三维的，在氧化环境下产生燃烧转化为能量，但是我们无法逆转这个过程。冰是一种三维结构，通过吸热融化成水，这个过程冰降维了，当水被冷却时会重新以冰的形式呈现。黑洞理论认为，当三维物体进入黑洞视界后变成无毛，仅剩下"质量"、"能量"、"熵"，对于这一点我的理解有点不同，我们以恒星太阳为例加以说明。科学家估计象太阳这样质量的恒星经过百亿年热核聚变后最终演化成白矮星，在整个过程中大约会丢失25%的质量。太阳的一生经历了这样一个过程——由于丢失了部分物质，太阳的总质量减少，因此进入白矮星阶段后比主序星引起的时空曲率将下降，曲率减少了的那一部分弯曲时空伸展为平直时空的面积，部分三维转化为二维，三维体积缩小，二维面积增加。丢失的那25%质量转化为能量，构成太阳物质（25%的那一部分物质）的四种自然力包括强力、弱力、电磁力、引力消失在时空中——即白矮星阶段的太阳四种自然力总量比主序星阶段减少约四分之一。这样看来恒星核聚变的过程实际上是物质结构被解体重新组合，一部分组合成更大质量的元素氦、锂等，一部分物质（约占参与核聚变物质的5%）转化为能量，构成这部分物质的电子、电子中微子从结构内部逃逸，以太阳风、中微子流等方式释放到宇宙空间成为自由粒子，带走小部分质量，5%物质中的其余部分质量则转化为能量以热辐射的方式被光子携带输送到空间。由于氢元素由质子和电子、中微子组成，而质子则是由夸克和胶子等构成，核聚变发生后，电子和中微子仍然存在，换言之只有夸克和强力转化为能量，根据太阳的质量 2×10^{30}Kg 可知太阳一生中活动产生的信息和热辐射质量约为 5×10^{28}Kg 最终以"熵"的形式保留在时空中——原本三维的氢元素转化为约 0.02%三维的自由粒子和 99.98%二维的熵，即当三维物质解体后四种自然力消失的同时，物质全部转化为自由粒子和比基本粒子尺度更小的能量子——物质降维转化为一种全同粒子"能量子"时，构成太阳的所有因子都没有丢失，仍然保留在宇宙内，只是转化为另外一些形态隐藏在背景时空中。太阳的生命历程对我们认识宇宙有什么启发呢？如果我们按照时间反演是不是就可以得到一个能量如何反转的历史？当时空收缩，弥散的能量会重新聚结，随着面积缩小能量密度越来越高，熵重新塌缩成夸克，巨大的质量感应捕获空间的自由电子和中微子使之坠入轨道，二维膜重新相变成三维物质？

我们似乎不需要额外的维度也能够清楚解释我们的所存在——这个存在由一个三维系统和一个二维系统共同构成，我们称为二元宇宙——相对性原理的终极解释正是对于二元宇宙系统的相对性。

基于宇宙由三要素构成，随着二元体系各自的空间此消彼长，必定分别存在两个与二元系统一一对应的时间和信息。即三维的物质元占据的空间中有一个属于物质的相对时间以及描述物质元演化的信息，在二维能量元里存在另外一个对应的时间和信息体系，这两个体系中的时间各自流逝，在二元时空同时存在时两者的流逝速度相等，但是即使在物质元的时间、信息被冻结的特殊空间里——例如在一个黑洞里，能量元的时间仍然以自身不变的速度流失而不受物质元的影响。这正如在黑洞视界里"科学定律和我们预言将来的能力都失效了。然而，任何留在黑洞之外的观察者，将不会受到可预见性失效的影响"[霍金]一样，二元系统中的信息既各自独立，也相互联系演化，这是质能方程所表达的关于二元相互转化关系作出的结论。但是由于两个元具有不同的结构和时空曲率，基于时空的不可分割性，在曲率很大的三维时空中时间的爱因斯坦相对性效应可能更明显，而在高度平滑化的二维时空中，拥有一个更象牛顿描述的平滑流淌的时间。在构建量子引力理论的过程中遇到很多困难，一般认为主要原因是广义相对论不仅仅是一套描述引力的理论，同时还是描述时间与空间几何结构的理论，这种既是"演员"又是"舞台"的独特身份使引力量子化问题变得非常复杂，假如我们愿意承认二元体系的概念，则我们可以把相对论描述的引力以及这个引力源周围的弯曲时空看作是爱因斯坦场方程描述的范围，即引力与爱因斯坦时空可以看作是一体的，都是演员，而背景的平直时空则看作是相对静止的真正"舞台"，广义相对论尤其是场方程仅仅作为局域理论可以看作是相对于全域的"静止"背景作相对性运动，那么广义相对论与量子理论就不存在本质上的区别了。

　　按照这个二元体系的构思，爱因斯坦依靠纯粹数学的方法最早求出的宇宙场方程

$$R\mu\nu - 1/2Rg\mu\nu = T\mu\nu$$

是正确的，更加符合现实版的三维时空构造，按照这条方程描述我们宇宙的结构，的确不需要增加一个常数项，相反如果在这条方程中增加了常数项反而不恰当。因为在这样的语境中宇宙常数必须与时空中产生引力效应的质能项相互

抵消甚至需要比质能项数值更大，即 $\Lambda g\mu\nu > T\mu\nu$ 才能解释时空的膨胀，但是现实中观测所得这个数值确实很小，这引起了冲突。（我将在后文中证实尽管排斥力 $\Lambda g\mu\nu$ 是一个非常微小的值，相对而言即使 $T\mu\nu$ 引力密度异常巨大——比如比暗能量的排斥力大 10^{50} 倍，引力也不能克服微不足道的排斥力阻止时空膨胀，因此在方程中增加一个宇宙项并不能起到平衡作用——即使引入常数项也不能得到一个稳恒态宇宙模型）。我个人认为把爱因斯坦后期修改的场方程

$$R\mu\nu - 1/2Rg\mu\nu = T\mu\nu - \Lambda g\mu\nu$$

分解成一对方程组更符合观测的宇宙。其中一条

$$R\mu\nu - 1/2Rg\mu\nu = T\mu\nu，$$

另一条为

$$R\mu\nu - 1/2Rg\mu\nu = \Lambda g\mu\nu。$$

第一式仅仅是描述三维物质元的局域方程，左边 $R\mu\nu - 1/2Rg\mu\nu$ 表明时空的曲率状态，右边 $T\mu\nu$ 代表能量、质量与动量的分布，由于右边这些因子都产生万有引力，将会引起时空弯曲。这些大质量物体时刻处于运动、变化中——例如星系碰撞合并，由星云演变成恒星，由恒星演变成死星或黑洞等，因此这是一条动态方程，预示着我们的时空不可能是永恒不变的。另外一条方程

$$R\mu\nu - 1/2Rg\mu\nu = \Lambda g\mu\nu，$$

描述的是能量元构成的二维时空，这是一个对应于暗能量的黑洞膜，在这个"元"里，温度、负熵、宇宙常数、引

力常数、时空曲率、真空能、质量都是不同角度不同方法论对该时空元的正确描述，这些因子是完全等价的。由于温度具有直观、容易测量的特征，我认为是其中最方便最优质的工具。在温度处于绝对零度时，所有这些因子都为 0，当背景温度处于 2.7K 时，代表在时空各向将存在某个量的量子起伏，这些因子因此具有了某个很小的数值，这与我们测量到的宇宙常数 $\Lambda g\mu\nu$ 很小非常吻合，代表背景时空的曲率 $R\mu\nu-1/2Rg\mu\nu$ 很小，是一个欧几里得平直时空。这个结果刚好印证了我们的主张——我们的宇宙正是一个巨大的黑洞时空，是一个二维能量元。分开后的场方程帮助我们更正确、准确地理解数学上的常数项与实际观测上的高度契合——能量元是一个仅有轻微涨落的平滑时空，物质元则具有时空差异性的曲率。一旦我们把场方程修改为一对方程组，常数项 $\Lambda g\mu\nu$ 将变成一个很小的值，无法驱动时空膨胀，那么我们怎样解释时空膨胀的事实呢？这需要同时修改我们对时空的认识论，我们将在第四章解决。

这一对方程组正是我们的宇宙由远离平衡态的二元开放体系构成的最好表达和证明，分开时可以各自独立解释二维和三维两个不同的"元"，结合起来正是霍金追求的那套"接近完整的理论"——可以描述宇宙的全局面貌，修改后的场方程组可定性为

$\{R\mu\nu-1/2Rg\mu\nu=T\mu\nu$ ——局域方程

$\{R\mu\nu-1/2Rg\mu\nu=\Lambda g\mu\nu$ ——背景方程

由此衍生出第三条方程

$\Lambda g\mu\nu + T\mu\nu = 0$，

　　物质（包括暗物质）主导的时期暗能量处于较小值，辐射能扩大时物质减少，两者相互转化，宇宙内的所有质量能量动量之和为零，质能守恒。

　　当我对这些问题融会贯通的时候，正如霍金所说的那样激动得彻夜难眠，我渴望与别人分享这些想法，并且通过讨论交流使这些想法得到完善。这正是我写作和发行这本书的其中一个原因，如果这些结论能够得到人们的认同，为人类科学的进步作出哪怕一点点的贡献，我的人生将变得有意义。

　　根据黑洞第零定律，这个"能量元"空间是一个孤立的平衡系统，各处的热辐射（温度）都是一个常数，因此是一个曲率近似0的平直的二维空间。在这个二维元中由于引力处处相等，不存在一个引力中心，所有构成物质元的基本粒子在这个空间中的运动状态和速度都是内禀的自由匀速的，引力的大小与距离无关，光速不受影响（光速不变）。三维元是由普通物质构成的，这个体系包含了若干个子系统，由星云、恒星、超新星、类星体、自由粒子等构成，是一个拥有光电特质和热辐射的系统，该元系统是一个相对于能量场存在的三维空间，由于三维空间的物质分布具有较高的密度必定引起二维面的重力弯曲，在这样的空间中穿越时自由粒子要受到弯曲时空的影响，其运动轨迹发生改变，其结果表现为引力大小与距离平方成反比。由于我们的宇宙由二元系统组成，这决定了我们时空的特质——某些空间拥有物质元，某些空间只有能量元。在拥有物质元的区域时空是弯曲的，在只有能量元的区域时空是平直的，但是物质仅占宇宙总质量不到 5%，而因其密度极高，在整个宇宙中所占的空间比例远低于 5%，因此它对时空全域曲率的贡献度几乎可以忽略，这确保了即使时空各向分布着物质，宇宙的总曲率仍然是平直的。确立一个二元开放性系统的宇宙可以解决我们的实际观测结果与理论吻合。

按照这个设定，现在我们知道了，希格斯场以及标准模型等经典理论仅仅是描述二元系统中关于三维的物质元，这样必定还有一套理论用于理解二维的能量元。我们对这一部分的世界仍然缺乏明确的了解，尽管过去的半个世纪对黑洞的研究有了长足进步，暗能量、暗物质等冷暗时空的了解还未开始，仍然被视为笼罩在宇宙学头上的乌云，但是，鉴于人类科学发展到了今天的程度，种种迹象表明，在过去短短数十年间，我们对黑洞研究进步的速度，显示我们对能量元的了解得到了提速，我们有望在未来的 10 年内取得明确的成果，并且在 20 年内建立起一套关于能量元的理论，到那时我们就能够比较完整地认识构成我们宇宙的全部。如果说截止上世纪 80 年代以前数个世纪是现代大科学理论发展的高光时代，80 年代以来则可看作是精细科学时代，如今我似乎再次看到一个激动人心的大时代即将到来，人类的科学思想将迎来一轮崭新的飞跃，这本书提出的关于二元体系的建立可能会帮助我们认识暗能量暗物质的本质，加快这个时代的到来提供一点点催化剂的作用，如果实现这样的目标我将非常高兴。

这套模型并不支持暗物质粒子的存在，可能也不欢迎反物质粒子，系统将自动选择与自身旋转角动量相协的物质粒子（可能是正粒子也可能是反粒子，其效应是等价的，中微子单一的自旋方向可能正是反映本宇宙的自旋方向），每个宇宙里只允许一种粒子生存（帮助它在时空中停留更长时间），反粒子将自动变成虚粒子，这样我们的宇宙将允许正反物质以不同的方式同时共存。

二、熵理论将会成为理解宇宙的窗口

宇宙是什么，宇宙从何而来，我们从何而来可能是千百年来人类最热烈追求渴望解决的迷惘。我们的地球为什么存在，为什么只有地球存在智慧生物，地球在宇宙中普遍存在的还是稀缺的，我们能不能实现星际移民，如果我们注定是孤独的，我们的地球还能够维持人类生存多久，我们现在的做法是不是正确的。这个地球利用了 138 亿年来自宇宙时空的馈赠，花了数十亿年时间演化才形成的资源，人类仅仅在数百年时间里已经消耗了那么多，是不是在耗尽了这些资源后可以轻轻松松地到达另外一个星球继续这种游戏？我渴望通过思考得到答案。

在我们的前面，有无数精英思考这些问题，并且得到了很多美妙的答案，例如对宇宙起源描述的大爆炸模型，我们的很多相关学科都是建立在这个模型的基础之上，可是，这个理论形成已经一个世纪了，尽管有了很多成果，本质上仍然既无法证明，也无法证伪。唯一一点我们毫不避讳这套理论存在很多漏洞。既然大爆炸模型存在那样多问题，我们就必须正视并对其进行修正，同时检验我们的这套熵理论是否能够存活。

熵是系统状态的一种量度，是系统状态的一种表征，熵的大小直接反映了系统的混乱度。热力学第二定律表明复杂系统总是向熵增加方向演化，但是如果我们的宇宙是一个二元开放性系统，则两个系统之间的熵流不会丢失，仅仅是相互交换而已。由于熵的大小随着二元开放系统的质能之间的转换而时刻改变，我们需要随时间的流逝使用不同的信息对这种改变进行表达，因此不同的"元"必需拥有各自的时间、空间和信息。为了表达上的方便，我们需要对两个系统的熵区别定义，假设定义熵的主要条件为两个，其一是对系统混乱度的贡献率；其二是温度的高低。温度越高向时空输送的熵越大。那么在物质元里，物体运动需要消耗功或能，运动越激烈，温度越高，混乱度越大，我们称为"正熵"，代表熵向增加方向演变。在能量元里刚好相反，面积越大，温度越低，混乱度越小，我们称为"负熵"，代表熵向单一化（低熵）演变。正如格拉斯曼变量是反交换的，x 乘以 y 和 -y 乘以 x 相等，负号只是代表演化方向，表明两个"熵"之间的转换是等价的——即一个系统中产生（丢失）的熵等于另外一个系统中获得（增加）的熵，宇宙的总熵不变，换言之物理定律允许动态的宇宙既向熵增（高熵）方向演化也可以向熵减（低熵）方向演化。只不过由于智慧生命仅能存在于白洞的宇宙里，我们只能看到熵增的过程，一个熵减的宇宙黑洞既没有光和电磁力传递信息，也没有智慧生命传播读取信息，因此无法描述熵减的历史。

任何一套理论的研究都必须具象化，对于这样一个光与电可能不起作用的"能量元"，我们需要从一个实在的概念开始，因此我们需要作一个公设——"暗能量"是构成我们宇宙最基本的单元，不可以继续细分，并且等价于"熵"（熵同时拥有暗能量和微波背景辐射的所有特征，例如熵是一种完美的黑体辐射，另外处于平衡态的熵其密度保持不变，时空中暗能量的增加即熵增），因此"熵"不单单是一个热力学概念，我们应该把它看作是一种实实在在的最基本的量子，而 2.7K 则可能是热宇宙环境中暗能量的本底温度，预示着微波背景并不完全是"暗"的，在冷暗的黑洞内暗能量的温度将更低。在我们的宇宙内存在一个明确的不可逾越的绝对零度下限，正是因为熵是构成万物的最低单元的缘故，宇宙内不会存在比熵更低温的能量形态了。这种无用能即使收缩挤压或相互碰撞也极难象物质粒子一样产生和传导热辐射——在宇宙这样一个开放系统中能量子是构成所有物质粒子的全同粒子，处于最低能级的基态，可能只有一种；物质粒子是能量子不同温度压力和不同能量密度的激发态，按照标准模型共有 61 种。"如果我们用更高的能量时，是否会发现这些粒子是由更小的粒子所组成的呢？这一定是可能的"［霍金］，我们现在需要摈弃这样的观念，因为这个结论本身暗藏了无穷大的概念，在我们的宇宙内没有任何能量比大爆炸更大，因此能量是有极限的，对粒子的分解也必定存在极限。

黑洞必需存在内视界和外视界才能解决我们宇宙现实的观测结果。根据爱因斯坦的场方程和牛顿万有引力定律，我们清楚地知道在三维的物质元中，随着时空中质量、能量和动量分布的不同，时空曲率或引力具有大小不同的值，而根据黑洞定律我们又了解到黑洞处于平衡态，内视界的熵具有各向同性，显示时空曲率很小，接近为0，引力为0，因此我们认为黑洞内视界不会是三维的而必定是二维的才能满足这样的条件。另外一方面我们已经明确观测到黑洞的外视界具有强大的引力，因此黑洞的外视界必然与内视界不同，不会是二维的，但同时又区别于三维物体——如果它象普通物质一样是三维的，我们应该能够通过光电的手段看到它清晰的边界。根据霍金等人的理论，黑洞外视界是无毛的，在这个边界处来自三维物体的空间维和时间维都将被破坏并冻结，因此我们推测黑洞外视界既不会象球体一样具有明确的二维面，也不会象普通物质一样具有具象的三维空间结构，极可能是高度卷曲并且高速旋转的混沌的四维时空，在这样的边界环境下几种自然力表现为同一种力。这个边界把黑洞内外二维和三维两个不同的世界明确分隔开，并且由于引力巨大到连光子都不能逃脱，必定存在一个事件视界把这部分的时空屏蔽起来，阻止我们观察。

由于黑洞存在两个不同曲率的视界，因此黑洞视界内和黑洞视界外分别构成两个不一样的相对性系统。在它的内视界拥有一个自我的时间、空间量度、信息描述。卷曲的四维外视界将阻隔黑洞内视界的信息泄露到外部，这正如我们的宇宙信息必需被一个事件视界封闭着不会透露到宇宙以外一样，同时阻隔外部三维的物质轻易进入内视界——外视界就像一台宇宙最强的强子对撞机的环形加速器，把进入黑洞界面的普通物质加速并破碎。这样即使整个宇宙演变成一个巨大的黑洞，它仍然保留着是一个开放性的相对论体系而非完全孤立的热寂时空，这种特性使得黑洞能够继续演化并且进入一段新宇宙的生命史。

"时间不能完全脱离和独立于空间，而必须和空间结合在一起形成所谓的时空的客体"[爱因斯坦-霍金]，我们在不同的空间必定具有不同的时间概念，并且通过不同的信息加以描述。当霍金笔下的航天员进入黑洞外视界时，他的身体将被加速并且破碎成粒子流，他的空间（身体）、时间（生命）以及信息（关于他）将终结，仅剩下构成他的质量、能量和熵。在一个纯粹的孤立的处于热平衡状态的极端黑洞内，质量、能量、温度、熵、引力、宇宙常数都是等价的，即可以使用任意一个量描述该黑洞的状态，它们的结果没有区别。当黑洞熵达到最大值时负熵$-\infty$可以看作为 0——低熵，温度为绝对零度，宇宙的质量为 0，引力为 0，宇宙常数为 0，直观地理解为"没有量子涨落"，上述因子都具有可确定性。由于这些因子的等价性，时空场可以用温度描述，在绝对零度的情况下时空曲率为 0（为了统一语境我们取0），光子的速度为 0（静止），内禀质量也为 0，时空具有各向全同性，意味着整个系统在时间-空间平移变换和转动变换下是不变的，因此遵守能量-动量守恒和角动量守恒定律。在具有量子涨落的背景时空中光子具有动质量——关于基本粒子质量的产生我们将在后面展开讨论——在一个完全光滑的二维膜中由于引力处处相等，每个观察者对于光走过的时间和距离具有一致性判断，因此光速不变。当温度达到2.7K时代表微波背景时空具有某种程度量子涨落，并且这种涨落等价于宇宙常数的起伏，这时候时空曲率为0+，向正曲率偏差值为2.7/273，即约1%，表现出引力存在的显性特征——实际测量获得的宇宙全域曲率 $\Omega=1.01$，与我们的理论结果高度一致，表明利用背景温度描述时空曲率是可行的。

如果我们的宇宙真的起源于一个二维的黑洞膜，为什么我们的物质世界必需是三维的，并且人类以及其它生命形式只能在三维空间中生存？一个可能性是黑洞内视界是二维的，不允许一个具象的物体出现，一旦三维物体出现，将违反热力学定律；外视界是四维卷曲的环形加速器，把具象的物体加速破碎成粒子，也不允许三维物体的存在；三维的物质世界正好在两者之间存活。根据一般物理学原理，我们的宇宙将不允许生活在高纬度的生物存在。另外一个可能是由于构成我们宇宙的物质粒子都是由费米子组成的，而费米子则是由三个基本夸克组合而成的，遵从泡利不相容定律。在欧几里得几何体系中，三角形是最低的稳定构造条件，如果我们的宇宙必须存在，一个稳定的结构是必不可少的。然而与物质元相对应的能量元则不必要非是三维的，在可以降维的条件下仍然允许它的存在，同时我们的物质形态在条件允许的情况下总是以最低能态呈现，这使得我们的宇宙至少保留两个相互制约的体系——一个相对性的二元开放性系统。那样宇宙的所有行为最终都可以简化为物质与能量两个维度之间相互转化的过程，从这个意义来说，三维物质可以看作是二维膜加熵构成的。根据全息理论，二维是三维的投影，我们每时每刻都在看到三维物质失去能量后降维成二维膜，同时向空间释放熵，熵向增加方向演化，但是假如在某种特定条件下，二维膜可以吸收时空中的熵相变为三维物质，这种情况下时空中的熵将减少，空间转化为物质，那么了解熵的行为将会成为打开宇宙大门的工具。我们的宇宙正是一个二维与三维之间相互转化，熵双向流动的开放性系统。

三、时空曲率与哈勃常数

在建立大统一理论的道路上，会碰到很多无穷大的值，海森堡为了解决这个难题提出"当能量很高时粒子碰撞过程中会一次产生数量极为庞大的更小粒子，而这些更基本的粒子尺度非常小，我们不可能创造出足够小的工具进行观察"，这样就可以避免无穷大的出现。事实上我们还有另外一种更加有效并且非常简单的方法，只需要我们承认引力与排斥力等价即可解决这些难题。当无穷大出现时会产生跳转面，引力转化为排斥力，无穷大将不会出现。例如在解决奇点问题方面我们的这种构想可以得到史瓦西方程的支持。

根据史瓦西黑洞半径公式 $R=2GM/C^2$，由于 G 和 C 都是常数，因此我们知道当黑洞吸积物质时所有的质量 M 都转化为黑洞面积，吸积的质量越大二维膜的半径 R 越大，半径 R 和质量 M 或熵 S、面积 A 均成正比，如果黑洞转化为奇点则 R 和 M 应该成反比，即质量越大半径越小。这样的结果表明，当天体收缩到某个尺度的阈值时结构面可能会发生跳转，万有引力转化为排斥力阻止奇点的形成，那么即使宇宙内所有的物质最终落在一处也不会出现奇点而是转化为面积，因此大爆炸理论将会失效。这个结论与霍金-彭罗斯推导的结果相反。

按照"黑洞内所有因子都是等价的"这个观点出发，黑洞内视界的时空曲率可以利用温度描述，其状态方程为

Rμν-1/2Rgμν=Λgμν=T

这样黑洞时空曲率方程也可以直接表达为：

Rμν-1/2Rgμν=（hc³）/（8πkGM），

意味着黑洞的时空曲率与质量（或面积）成反比，黑洞质量越大（面积越大），曲率越小，量子涨落越小。我们必定看到黑洞的时空曲率随黑洞生长逐步平滑，这样的结论预示着黑洞曲率与物质元的曲率刚好相反——我们可以通过比较两种结构之间的差异得到证实：由物质粒子构成的恒星质量越大，体积塌缩得越小，例如中子星的密度与体积成反比，但是一旦质量超过了奥本海默极限，中子星演化为黑洞时，密度、体积或面积不但不会继续收缩反而转化为伸展——相同质量的黑洞面积比中子星核体积大，而且质量增加得越大的黑洞面积越大——例如许多恒星一起塌缩或大量星云物质落入吸积盘不是构成一个更高密度的小体积的中子星核而是发生反转，所有能量瞬间转化为构成面积增长的星系黑洞。这样的结果显示质量、动量和能量对时空曲率的贡献并不完全一样。根据爱因斯坦质能方程质量与能量是等价的，但是真实的宇宙情况似乎存在某种矛盾——等号两边的质、能项有着两种截然相反的属性。等号右边的质量 M 越大代表时空曲率越大，按理等号左边应该也是一样的，可是当质量转化为能量后能量越大时空曲率反而越小，这是为什么？一个可能是正如黑洞熵理论推导的结论那样，熵增只与面积有关而非体积，因此当质量转化为能量时，原来用于构成三维球体的物质转化为二维平面的能量，体积转化为面积，引力转化为排斥力，时空曲率将被抹平，显示"暗能量与熵具有共同特性"，那么场方程右边表明宇宙时空的曲率由能动张量决定，这样表述是否精确？至少我们可以看到描述物质时空与描述黑洞时空的状态方程存在明确的区别，这一点正正体现了经典理论的局限。另外我们将在后文中论证能动张量的大小只能影响时空膨胀的速度而不能阻止膨胀的发生，要么膨胀或要么收缩是宇宙的宿命。

根据上述的结果我们可以确认，爱因斯坦场方程组的两条方程分别表达两种截然相反的含义，其中

$$R\mu\nu - 1/2Rg\mu\nu = T\mu\nu$$

表明物质的质量动量越大，引起的时空曲率也越大，相反转换后的方程

$$R\mu\nu - 1/2Rg\mu\nu = \Lambda g\mu\nu \, (hc^3) \, / \, (8\pi kGM)$$

则表明能量越大时空曲率反而越小，因此场方程的原式

$$R\mu\nu - 1/2Rg\mu\nu = T\mu\nu - \Lambda g\mu\nu$$

这样表达是矛盾的，相互冲突的，修改为方程组后，作为经典理论的相对论从某个意义来说可以涵盖黑洞热力学，人们对能动张量对时空曲率的贡献错误的理解可能是认为广义相对论在奇点处失效的原因。

对于物质元的时空曲率与能量元曲率的理解，我想在这里展开讨论以便解析读者的疑虑。理解这个问题需要我们确实地相信黑洞内视界与外视界存在差异性。根据黑洞熵公式，

我们得到——质量越小的黑洞尽管外视界引起的时空曲率较小，相反内视界的曲率越大。正是由于这样的原因，质量越小的黑洞霍金辐射越强烈，温度越高。可以这样认为，由恒星塌缩形成的微型黑洞，其内视界的曲率比星系黑洞的曲率大，可能存在奇点（实质是一个高密度球核非裸奇点），因此恒星族黑洞可能对应霍金-彭罗斯解。随着黑洞面积增加，曲率下降奇性消失，对应利弗席兹-哈拉尼科夫的解。造成这样的结果的原因除了遵守热力学和黑洞力学外，物质能量还遵守引力-排斥力等价并且相互转化的特性。这种现象我们可以从生活例子中获得参考。我试举例说明。当我们向一个池塘任意区域投石子时，你将发现石子与池塘水面张力之间产生互动水面反弹，该处水面出现曲率——可以看作出现奇点。石子激起一层层涟漪，涟漪向四周扩散并且带走动量，这时候外视界会看到波浪，而内视界涟漪逐渐消失恢复平静，这种情形类似发生在黑洞内视界的奇性也会象涟漪一样向外视界传递，最终内视界的曲率会被扩散带走到外视界转化为外视界的曲率，因此随着时空扩大内视界的曲率逐步抹平，而外视界的曲率却逐步增加，形成一个甜甜圈一样的结构。黑洞似乎存在某种反馈机制自发性帮助所有进入黑洞的三维物体转化为能量或动量最终都以波的形式传递到外视界储存起来——这一现象与恒星通过核聚变的动力促使热辐射（其本质是物质的质量）总是向外层空间传播的方式一样，这样三维物体可以通过能量波带走一些因子得以降维到二维，使内视界仅剩下熵——或允许保留微小的量子起伏。换言之，不论进入黑洞前的物质来源多么千差万别，到达黑洞内视界后，全部演变成高度单一化的熵（黑洞面积），这意味着那些构成各类物质的费米子和玻色子这时候将完全归化为全同粒子，而外视界则演变成单一的引力场（质量、动量），并且接受了这些能量波得以升维从而演化成扭曲的四维"时空屏蔽环"，暗示这个四维时空曲率必定不等于0，并且随着能量密度越大曲率越接近+1（但永远不会到达1，这是由科学对奇点的定义决定的——奇点是一个体积无限小、密度无限大、引力无限大、时空曲率无限大的点，一旦成为奇点黑洞将消失面积，因此不会出现奇点）。由于热力学第三定律限制了"通过有限步骤达到绝对零度"，即无论如何都无法实现绝对为0，更不会出现低于绝对零度的情况，因此在我们的宇宙内不允许曲率为-1的情况出现，显示偏正平坦性是宇宙唯一的几何形状，表明我们的宇宙时空至始至终都是一个二维膜而非三维球体或四维球面或双曲面，时空的平直性并非暴胀的结果而是宇宙的本质。黑洞的这个性质可能帮助星系核心的质量逐步转移到星系边界，并且缓慢向星际空间辐射发散，其结果星系将随时间逐步丢失质量。星系的这种机制非常重要，可以帮助我们理解银河系的发展演变以及暗物质的特性。

　　曲率在空间中的分布不可能是完全一样的，在物质元里，时空曲率的大小取决于质量、能量、动量的分布，这些因子越大曲率越大，可是在黑洞中相反，质量越大、面积越大的黑洞曲率越小。时空曲率在时间上的演化同样不可能完全一样，它不是永恒不变的，而是一个随时空面积变化的动态值——即在膨胀相中随面积增加曲率缩小；在收缩相中随面积缩小而增加。宇宙学常数也不可能是一个一成不变的常数，（在膨胀相中取-1，在收缩相中取+1仅仅是代表它的演化方向）它的动态变化曲线与熵增速度恒等，当熵增速度快时，宇宙常数项大于1，熵增为0时宇宙学常数项也为0——+1与-1的转变时刻，熵增速度慢时，常数项小于1。同样地哈勃常数则随时空而改变，并且这种改变必定不是线性的，不论针对时间还是空间哈勃常数都是一条拓扑的曲线，它同样与熵增的速率成正比例关系，由于宇宙全域物质的分布是随机非均匀同性的（时空各向同性只是统计学上的一种近似），这些宇宙结构无论尺度大小，活跃程度，形成的时间都千差万别，因而不同的时空拥有不一样的曲率、密度波动以及温度波动。不同的时间不同的空间产生熵的效率不可能是一样的，这造成不同的时期不同的空域，空间膨胀速度不可能存在严格线性的哈勃常数。这正如一个小小的太阳系不会存在两个参数完全一样的空间。这意味着当我们运用不同手段把观测某个参照系获得的数据按照宇宙学原理推广到整个宇宙时必然不可能得出与其它参照系数据完全一致的结果，有时甚至得出完全冲突的结论。这正是标准模型越修正越无所适从的原因。在后宇宙时代，时空膨胀速度主要取决于两个，一是宇宙行为转化为熵的速度（包括热核聚变、超新星爆发、星系合并、黑洞喷流等），二是暗物质降解为暗能量的速度。熵增加得越快的历史时期和空域，时空膨胀速度就会加快，将得到一个稍大的哈勃数，相反，熵增速度下降，时空膨胀减缓，必定录得一个较低的哈勃数值。宇宙不同的地方不同的时期扩张速度千差万别，因此对于当前学术界出现的所谓哈勃常数危机，我个人认为不但不是危机，反而正正反映了宇宙的真实现状，我们运用哈勃公式不可能求得一个关于时空膨胀的准确状态，只有结合熵理论才可以做到。当宇宙演变成一个巨大单一的黑洞时，代表物质元可能已经全部转化为能量元，所有的星系都已经不存在，光和热消失了，仅剩下幽灵黑洞、死星以及微波背景场，这时候宇宙学常数、时空曲率、哈勃常数均达到最小值。

在二元体系中的质能守恒的含义表现为正熵与负熵之间相互交换的过程。当三维元质量转化为二维元的能量时，三维元的正熵减少，减少的量等于二维元的负熵增加的数值。根据黑洞熵和面积公式 $S=(\pi Akc^3)/(2hG)$，熵 S 增加代表面积 A 增加，面积增加的直观表现为"时空膨胀"——因此时空膨胀的速度取决于熵增（负熵增加或称为暗能量、无用能增加）的速度（时空膨胀的机制正是熵增）。在整个宇宙历史中熵的来源主要有两方面，一方面来源于大反弹（大爆炸），另外一方面来源于恒星等物质活动产生的热辐射。毫无疑问大反弹时产生的熵最多，并且那一时期时空尺度最小，因此单位面积中熵流的密度最大，造成大反弹产生的巨量暗能量团凝聚不散，正是这样的原因使早期暗能量更多表现为暗物质的引力特性，直到30-60亿年期间恒星活动进入活跃时期，时空热环境上升，经历数十亿年缓慢膨胀后，时空的规模突破了量变到质变的临界，暗物质稀释为暗能量的速度加快，使时空膨胀速度突然加速；随后三维元物质转化为二维元能量的速率也影响着熵增的速度——当宇宙中大量的星云演化为恒星，恒星将通过核聚变转化为能量，活跃的黑洞合并事件将帮助大量气体补充到新形成的星系，加剧恒星形成的速度，加快黑洞的成长；两个暗物质团碰撞合并将促使一部分暗物质转化为暗能量从而使暗物质总量下降。这些热事件无不迅速转化为宇宙时空中的熵，令二维时空的面积骤然增加，表现为加速膨胀。但是当物质元处于并不活跃的时期，恒星形成速率降低，热辐射总量减少，熵增减慢，膨胀速度将下降。还有一个因素影响着时空膨胀的速度，这就是时空面积的容量，相等质量的物质转化为能量时，时空总面积基数越大，膨胀速度显得越低，这样的结果是必然的，正如我们在一个水缸里注入两桶水，你可以马上看到水缸水位的变化，但是即使你往湖泊里注入十吨水，你都无法察觉，这两个原因必定造成越往后期时空膨胀速度越慢。直到三维元物质消耗殆尽熵无法再增加，暗能量变成净消耗，时空面积将渐渐不再扩大，膨胀停止。因此我们确认时空膨胀速度并非总是增加的，更不是永远遵循线性变化的，暗能量在整个宇宙历史中始终保持动力学特性，那么哈勃常数将不能称为常数，而是一个随时间改变的变量。在这个二元体系交换的过程中，代表时空弯曲的物质元的减少，将使时空中具有曲率的区域缩小而同时代表平滑的二维膜时空增加，时空将随时间变得越来越光滑。这样时空总体曲率必定是一个变量。正是基于这样的原因，我们在前文中提议，场方程必须拆分为一对方程组，用于描述两个不同的"元"，如果只存在一条既包含物质同时包含常数项的方程，暗能量必需具有无穷大的数值才能克服物质能量动量的引力效应使时空膨胀，但是基于能量与质量等价，真空能无穷大的时空必定具有非常高的曲率，这不但不符合我们的观测，也不符合宇宙的演化，这样一个高曲率的时空必定不会膨胀只会塌缩，因此合并为一条方程将使理论处于自相矛盾中。常数项必需很小时空才能处于膨胀状态，据此我们认为，驱动时空膨胀的"动力"不是宇宙常数，也不是真空能，而是"负熵"——时空的膨胀不需要任何动力，只是一个熵增的过程。

由于熵没有一个唯象的几何形状，因此我们其实无法清楚准确地判断宇宙的真实形状，只有三维的参考系存在的前提下我们才能判断背景时空是二维的平直面。一个具体的例子是，假如一条鱼在一个深不见底的深海里游动，不论它向任何方向移动或观测，它都无法准确判断海水的形状，它只能看到自身或其它鱼一条二维的水径迹。若三维的鱼消失了，我们的宇宙可以认为是没有具体维度的，这种状态我们只能称为超维。

这就是我们真实的时空观。

四、暗物质、暗能量和黑洞熵

"众里寻他千百度，那人却在灯火阑珊处"。世间事往往越熟悉的事物越容易被忽略，然而越简单的理论反而越有生命力。一直以来科学家都把暗能量暗物质想象成一种从未发现的神秘粒子，从来没有人想过两者竟然是如此简单熟悉的存在，解开困扰科学界近百年的宇宙学两朵乌云——暗能量、暗物质的密钥就在相对论和黑洞理论中，并且种种迹象表明糅合这两套理论正是正确认识我们宇宙的有效工具，弄清楚冷暗物质真相的机会一直就在每一个人指缝间，我只是幸运地率先捅破最后一层纸而已。阅读完这本书以后，将会有无数的科学精英彻夜难眠，异常懊恼、失落。

根据一系列的黑洞研究成果，我们可以运用黑洞熵公式 $S=(\pi Akc^3)/(2hG)$ 以及黑洞温度公式 $T=(hc^3)/(8\pi kGM)$（其中 T 为黑洞热力学温度 h 为普朗克常数 c 为光速 k 为玻尔兹曼常数 G 为牛顿引力常数 M 为黑洞质量）解释黑洞的状态行为。根据这些公式可以得出黑洞温度 T 和质量 M 成反比，黑洞事件视界的面积 A 与熵 S 成正比——面积越大熵越大，黑洞的质量越大，其温度就越低，一个代表全域宇宙的黑洞质量将是最大的，并且温度必定接近绝对零度。

根据弗里德曼宇宙模型霍金推测关于宇宙命运的三个解："其一，宇宙膨胀得足够慢，这样不同星系之间的引力使膨胀减缓，并最终停止，然后星系开始相互靠近，宇宙收缩，代表空间曲率大于 0；在第二类解中，宇宙膨胀得如此之快，引力永远不能使之停止，时空最终大撕裂，代表曲率小于 0；第三类解，宇宙的膨胀刚好避免坍缩，代表曲率等于 0"。现在我们知道宇宙的状态与空间曲率、临界密度无关，尽管弗里德曼正确描述了一个各向同性的膨胀宇宙，但是弗里德曼模型的三种猜想都可以抛弃。一个令人费解的结果是弗里德曼方程的推导基础是爱因斯坦场方程以及宇宙学基本原理，出发点是正确的，推导过程是科学的，可是得出的结论却与真实宇宙情况相悖，这是为什么呢？一种可能是正如我在前文中已经论述了爱因斯坦场方程只有拆解为一对方程组才能与真实的宇宙相吻合，因为从严格意义来说，爱因斯坦根据广义相对论得出的宇宙场方程只是一条与引力有关的方程，并不包含对黑洞状态的描述——一个简单的理由是黑洞视界的尺度和曲率均非由物质能量动量张量决定而是由熵的大小，因此以场方程为基础推导的弗里德曼方程必然也不能准确描述宇宙全貌，我们必须糅合标准模型、狭义相对论以及黑洞理论，才能有望深刻认识宇宙。我们知道，不管引力多大都不能阻止时空中增加熵，因此引力不能阻止时空膨胀，甚至可以认为只有在由物质主导的宇宙时代时空才会膨胀（加速膨胀）。同样地，由于暗能量由引力的相互作用产生，没有引力就没有熵增，物质通过引力引起热核聚变转化为能量，能量失去热能和动能后退化为冷暗能量，最终融入微波背景辐射并为时空增加熵和面积，换言之，大反弹发生后先形成结构，然后基于这些结构的引力作用产生熵，因此暗能量不能阻止时空形成星系。基于黑洞的温度与面积成反比，黑洞质量越大面积越大温度越低。合并熵-面积公式 $S=(\pi Akc^3)/(2hG)$ 与温度公式 $T=(hc^3)/(8\pi kGM)$，可以得到一条新的约化公式 $S=2\pi kM/h$，显示黑洞熵与质量（引力）成正比。事实上观察宇宙的现实我们得到与弗里德曼猜想相反的结果，引力越大时空越活跃，释放的熵越多空间膨胀得越快。例如"创造之柱"，质量越大引力密度越大的星云产星效率越高，对时空熵的贡献度越大，黑洞吸积产生的熵多于恒星产生的熵，超大质量恒星产生的熵多于太阳产生的熵，太阳产生的熵多于地球产生的熵，显然引力不但不能减缓时空膨胀，相反这些实际情况显示熵增（空间膨胀速度）与引力成正比，这种特性造成越活跃的星系星云周围的星际空间越稀薄，将降低该处时空整体的平均密度。熵理论的确立可能暗示以爱因斯坦场方程以及弗里德曼方程为基础建立的宇宙学标准模型面临危机。科学界对弗里德曼方程的理解之所以出现错误完全是由于我们对暗能量、时空膨胀机制以及引力与熵的关系缺乏正确认识所致。当宇宙全域收缩到某个小尺度时引力非常大，因此才能转化为巨大的排斥力引发时空反弹，引力越弱时空活跃度越低，熵增越慢，直到缺失物质的黑暗时代到来，宇宙全域达到热平衡时引力为0熵增也为0，面积不再增加时空停止膨胀。人们一直认为宇宙的终极命运取决于时空中的质量、能量分布以及它们的平均密度和空间的膨胀速度，甚至认为必需要一个总的物质和能量密度与早期的膨胀率非常匹配才能演化出今天的宇宙，现在看来这些表达显然不是正确的，宇宙的解只有一种——大反弹（大爆炸）必定发生，物质出现之后时空必定膨胀——时空膨胀这一本质特性并不是由于暗能量比例的改变造成的，即使在早期暗物质普通物质比例很大（引力占巨大优势）而暗能量仅占很小比例时，空间也在膨胀。同样地如今时空膨胀正在加快并不是由于暗能量占了最大比例的缘故，而是当下的宇宙正值最活跃的盛年时期，熵增的速度最旺盛。时空的状态由熵的方向决定——只要"负熵"继续增加时空就会继续膨胀——意味着当负熵减少时时空将会收缩。正如质能方程表达的那样，我们可以简单地把时空膨胀的历史看作是引力 M 转化为排斥力 E 的过程，正是这一点反映出引力与排斥力等价，在这个过程中宇宙中的引力能和曲率不断被削弱。我们不需担心霍金"如果在大爆炸后的 1 秒钟那一时刻其膨胀率哪怕小十亿亿分之一，那么在它达到今天这么大的尺度之前宇宙早已坍缩"这种情况的发生，根据上述熵理论我们可以清晰地认识到，我们的宇宙本质上并不存在所谓的临界密度，我们不需要对宇宙的曲率、密度进行测量——即不借助实验数据也可以由一族自洽的物理定律通过数学的方法正确推导出宇宙的过去现在和未来，这正是运用熵理论理解宇宙学的魅力所在。讨论宇宙的临界密度已经变得没有意义，我们可以毫不留恋地抛弃人择理论，同时按照宇宙学标

准模型推测的有关暗物质、暗能量与物质之间的比例可能也
将会发生改变。

　　由于不论是过去、现在或未来，宇宙内任何时间任何空
间产生的熵具有相同性质，因此即使这些区域从来没有任何
交流或早期没有发生过一个古思式的暴胀事件，不会影响微
波背景具有各向同性，即现在产生的熵与 138 亿年前产生的
熵同质，此处产生的熵与彼处产生的熵同质，因此各向同性
不受时间、空间以及膨胀速度的影响。另外如果我们的宇宙
等价于一个黑洞，根据黑洞第零定律，这样的一个系统温度
将达到热平衡——不论全域为 0.K 还是同为 2.7K 这种各向
同性不会有区别，因此时空表现出高度的一致性显得理所当
然，这与我们实际观测的宇宙非常吻合。这样的结果显示利
用"黑洞熵"理解宇宙的方法是正确的，只要我们果断地接
受熵理论，将不需要暴胀的出现，更不需要早期必须拥有
100 倍光速的膨胀才能使时空全域达致热平衡这种违反相对
论的猜测，也不需要一个统一的口令即可令到宇宙全域同步
膨胀。由于不论任何时期宇宙的任何行为最终都演变为熵，
因此微波背景辐射的存在不能成为大爆炸的依据，这种辐射
也不能称为最古老的"热量余晖"，而是包含了古往今来的
熵，包括你我身体发出的余热以及留在世上的映像也在无时
无刻为时空膨胀作出贡献，各向同性及时空的平坦性自然而
然也就不能成为暴胀曾经发生的证据。在宇宙历史上发生过
或未来将要发生膨胀减慢的原因不是由于引力的作用，而是

熵增速度下降而已。至此我们可以认定暗能量即是熵或微波背景辐射，并且与空间等价——熵增速度等价于时空扩大速度。基于此，令到我们的宇宙允许存在空无一物质粒子的巨大空洞，但是不允许存在无熵的绝对真空。由于今天的宇宙相比于数十亿前年更加活跃（代表重金属的高产），因此时空正加速膨胀——显示人类生活在一个宇宙的盛世。

如果这些结论是正确的，那么我们的模型将不需要暗物质粒子的存在，并且可以利用暗能量和星系中的熵流代替暗物质在星系中的作用，包括增加星系的质量、引力以及对于外围恒星高速运动现象的影响力。鉴于"早期的暗能量团（熵）由大反弹产生，后期的暗能量是普通物质通过热辐射产生"这一观点，暗能量晕的大小与星系物质演化的行为必定存在相辅相成的关系。一般地炽热气体及恒星活动越活跃，产生的热辐射量越大，暗能量晕就会越厚重，发散速度越慢。反过来越厚重的暗能量晕引力效应越强烈，引起的时空曲率越大，能够吸积更多星云，该区域就会成为恒星的丰产区以及跨度很大的时空结构。相反小质量冷星云以及红矮星产生的熵越少暗能量团越小。越稀薄的暗能量晕发散速度越快，越难吸积星云气体，产星速度越低，甚至出现巨大空洞，整体上呈现"富者越富贫者越贫"的格局，这正是造成时空结构分布呈现随机非均匀性的原因。宇宙微波背景中涟漪的产生既是一个随机的过程，也并非完全随机，而是与不同空间的活跃程度成正比例，因此不同时空区域必定存在不一样的膨胀速率（但整体上仍然可视作近似均匀同性）。据此我们将得到在类似于银河系这样的活跃星系或年轻星系中恒星活动产生的热辐射的强度，这些热辐射均在非常短促的时间内温度下降到很低水平——大约与冷星云温度相似，并且很快下降到与微波背景温度接近甚至继续降低，例如太阳的热辐射仅在不到一小时内即可由2000万度下降到-268度。由于星系拥有巨大的引力束缚着这些冷能量团，因此星系中暗能量发散的速度将是极其缓慢的，必定在一个较长时间内处于凝聚成团的高密度状态。这些果冻状的熵流被恒星风吹成泡泡包裹在恒星、炽热气体或活跃星团周围，而冷星云周围必定相对稀缺，其结果将在星系中形成不规则的丝状体网络。根据质能方程可以知道这种高密度暗能量具有很大质量和引力效应，可以造成引力透镜作用使光线偏折或弯曲。但是我们在前文已经讨论过，黑洞反馈机制将通过能量波的方式帮助这些熵流逐步由星系核以及内层空间向星系边界转移，因此随时间必定可以得到边界处的暗能量密度大于内层，并且随着这些熵流缓慢离开星系延伸到星系外围星际空间，这些熵流最终必定逐步稀释融入宇宙空间成为微波背景的一份子——宇宙微波背景辐射之所以是我们所测量过的最完美黑体正是因为它是熵（暗能量）的噪音。当熵流处于高密度叠加态时，将类似"暗物质"的性质表现为引力，当它处于弥散平衡态时表现为暗能量的排斥力——正如质能方程揭示的那样引力等价于排斥力并且可以相互转化。表明随着时间的流逝暗能量那些暗物质的伪性征将逐渐减弱，暗能量的本征将逐渐加强。这样我们完全可以把暗物质暗能量统一起来，并且可以根据时间反演推算出早期宇宙中普通物质的占比——如果暗物质是普通物质质量的 5 倍多，表明存在两种可能，要么在大反弹时物质比例比现在高出多倍，在过去的 138 亿年里大部分普通物质已经转化为暗能量，如果是这样，等于说已经有大量超大质量恒星完成了超新星爆发，那么宇宙深场的星际间必定存在超出预期的重金属元素，同时外星系发现超级地球的几率大增；要么大反弹形成的暗物质比例高于现在，而大部分已经稀释为暗能量甚至疏散成为微波背景，现阶段仅剩下 26% 了。由于普通物质仅占宇宙质量不到 5%，即使所有物质都转化为暗能量，暗能量在宇宙中的比例也不可能达到 69%，毫无疑问在过去的 138 亿年间对暗能量贡献度最重要的途径是暗物质的降解。不管是那种情况似乎都暗示宇宙的膨胀速度在很早期已经越过峰值正在缓慢下降。当大量的物质或暗物质转化为暗能量时，仅仅是物理形态改变，质量没有变，因此宇宙的总质量守恒，只是把物质或暗物质的份额转变为暗能量的份额，随着越来越多的物质或暗物质转化为暗能量，时空将变得越来越稀薄。尽管我们统一了暗能量和暗物质，我们建议仍然同时使用这两个名词，以便更准确地描述不同状态下暗能量的特质，这样我们可以利用不同的名字区分暗物质—暗能量—微波背景—熵分别显示同一种冷暗物质的不同演化阶段的能量密度和形态，表达万物最终归于"熵"的主张。当万物最终都演变为熵时，整个时空将变得高度有序和简约，熵增的最终结局是整个宇宙由处于热平衡状态的一种全同粒子组成。正如我们把许多沙子堆在一起，每一颗沙砾仍然是自由的，各自独立的，沙还是沙，只有在地球内部高温高压环境下通过相变才能成为岩石一样，在时空重新收缩到某个小尺度时，暗能量密度很高就会相变为暗物质，当暗物质密度进一步提高到某个阈值时则通过大反弹事件令到这种极其低温并且处于高度叠加状态的暗物质相变出物质——时空发生大反弹的条件可能取决于两方面：时空收缩赋予的巨大压力以及某个特定的温度阈值。物质再透过热核聚变或通过黑洞粉碎或弱相互作用力衰变退化为暗能量，"相变"正是质能三者之间相互转化的根本路径。一个并非精确的简单生活例子可以稍微揭示普通物质、暗物质、暗能量之间的生态关系。暗能量有点象空气中弥散的水分子，暗物质相当于凝聚的云，普通物质则是结晶的冰雹，它们形态的改变取决于相变的条件，其性质虽然不一样本质是一样的。

　　基于暗物质和暗能量的统一，显示暗物质并非一种发射粒子，它只是一种被称为熵的高密度"无用能"，我们将不可能捕捉到暗物质粒子。从事暗物质搜索的学者需要调整方向，尤其是把设施建造在地下室仍然企图获得暗物质粒子的想法无异缘木求鱼。

这种暗能量晕（暗物质团）从宇宙创生开始始终保持运动变化状态，也会不断由小股汇聚成大结构，或由大结构分裂成小团块在时空中流动，尽管它的流动速度很慢并且大致上总是凝而不散，最终将解体缓慢融入背景辐射，使时空面积逐步扩张。这个原理正如冷水团和暖水团不会立即在海水中消失而是形成洋流一样。这样构成我们宇宙的基本组分将简约到只有两大类——正如爱因斯坦质能方程 $E=MC^2$ 表达的那样——由能量与物质构成。由于能量等价于熵或空间，因此我们的宇宙实质上由结构与空间构成。结构通过强核力核聚变或黑洞引力吸积以及物质弱相互作用力衰变、电磁力、生化等方式转化为具有排斥力的熵令时空膨胀，据此得出结论，结构与空间是一体二相，万物由熵构成并且最终归于熵。光的存在暗示我们的宇宙可能已经由黑洞演变成为白洞并且使信息得以传播，通过光子携带热辐射，生命以及智慧生物可以从中获得热能得以存在。

如果暗能量暗物质的本质真的如我论述的那样仅仅是无用能熵，我将感到异常失落。原本人们以为发现一种前所未有的新粒子可以开创一个新科学体系，但是现在可能表明即使解开了这两朵乌云的秘密，似乎并不能为我们的科学带来任何好处，反而使宇宙失去了神秘感，降低了人们的幻想力与创造力，可能使人类对宇宙的好奇心下降，这样的结局有违我的初心。

　　写完这本书后的某个晚上，我又发了一个梦，在梦里我正在想办法为一群中小学生解释光速的概念。由于光速太快了——每秒钟 30 万千米，小朋友很难想象，刚好火箭中心发射太空穿梭机，在目力所见范围内，穿梭机的平均速度大约每秒 3 千米，因此我打了一个比方——光速大约是在一秒之内我们看见有 10 万艘太空穿梭机连续发射。我忽然意识到，当穿梭机从我们眼前飞过的时候，不但在消耗热能增熵，同时在我们眼前留下了一连串影像，那么宇宙中的混乱度将不仅仅是暗能量的增加，同时还增加了信息。这样构成宇宙熵应该有两部份，即熵由能量熵和信息熵一起构成。如果物质是由熵相变产生的，则暗示所有暗物质、物质粒子以及暗能量子至少都携带能量和信息两种基因，而粒子里的信息基因可能正是构成意识或者量子纠缠的内禀成因，因此时空中必定充满携带着信息的电磁波，并且信息熵必定是构成微波背景的重要组成之一，即使我们的宇宙完全转化为黑洞时，能量必定仍然存在，信息必须仍然存在，时间将延续，爱因斯坦的相对论依然有效。基于这样的理解，我建议应该把反物质与镜像区分开来，因为尽管反物质与普通物质具有镜像对称性，但镜像并不能反映反物质具有质量的性质，反物质应该归纳到能量范畴，而镜像则归入信息范畴内。我随即联想到在后面"穿越时空"一章中提到的，即使一个人死亡了，他一生的影像都会保留在时空某个角落不会消失，而宇宙深空的影像之所以能够持续传送到我们眼里正是由于远处的物质在二维时空中留下的投影，并且由光子（电磁）携带在时空中传播的结果，人类正是通过接收这些信息重建宇宙的历史。但是我们的物质世界在降维的过程中并非完全由热核聚变或黑洞吸积转化而来，很多物质是通过其它途径逐渐消亡的，例如通过弱相互作用力衰变，或通过生化方式等，关于这个物体的信息必定直到它的几何结构完全灰化才结束，即使这样它的镜像将仍然与宇宙同在。由此我想到，霍金辐射过程中将蒸发熵，由于熵必须由电磁波（光或暗光）携带，丢失信息必定导致黑洞发生电磁辐射，这些辐射将转化为热能，负熵必定逐步减少——等价于黑洞面积收缩，尽管非常微弱和缓慢，而这可能是引发霍金辐射的一种机制，并且帮助宇宙进入新一轮循环。

五、黑洞二维膜反弹出一个三维时空

宇宙由 95%暗能量构成各种大小不一的黑洞以及 5%普通物质构成各式各样的星系、星云等结构和少数的自由粒子。大致上构成我们物质元世界的基本单元只有两种——上夸克和下夸克，构成能量元的基本单元只有一种——熵，因此关于我们宇宙的本质必然只有一个非常简洁的解(不大可能象弦理论描述的那样复杂)，不论你置身时空何处你都将发现我们的宇宙是一个分形结构，简单而和谐，每一处的星空都似曾相识。

据科学家估计宇宙全域拥有不少于几千亿个象银河系一样的星系，每个星系大约有几千亿颗恒星。在过去的 138 亿年时间里，许许多多的恒星不断地通过核聚变释放热能。根据爱因斯坦质能方程我们可以计算出象太阳这样的恒星每秒钟大约有 400 万吨物质转化为热辐射，这些热辐射最终以无用能——熵的形式保留在时空中，了解了这几个基本数据以后，我们就不需要科学家运用何等高深的数学知识，只需要一个普通大妈用她在菜市场买菜的心算就可以估计出我们的宇宙全天域每秒钟将有几亿亿亿吨物质转化为能量，138 亿年里就有几兆兆亿亿亿亿亿吨物质转化为能量，如此庞大数量的熵释放到时空中，最终以何种形态保留下来？根据熵-面积公式 $S=(Akc^3)/(4\hbar G)$，每增加一份熵就会转化为四分之一空间面积，那么 138 亿年里空间将扩大到何等巨大的范围并不难想象，只需要把上述的所有数据相乘即可得到 10^{10N} 的值。根据物理学家观测后推测的结果，普通物质在早期占约 8%，现在下降到不足 5%，暗物质则由大反弹婴儿期的 80% 下降到目前仅有 26%，表明大部分物质暗物质已经转化为暗能量，因此暗能量则由大反弹初期的 12% 上升到目前的 70%，显示今天的时空尺度肯定比大反弹初期扩大了很多倍。一个不是非常精确的生活例子可以帮助我们理解。在一个体积足够大的密闭空间里，悬空拉着一张有弹力的橡皮床，上面放着一块足够大的冰。冰是水分子的叠加态，拥有三维和重力密度的物体必定在橡皮床上压出一个弯曲的时空。然后我们使这个密闭的空间存在热辐射，冰发生升华，最后三维的冰彻底消失全部转化为弥散的水分子充满了整个空间，这时候的空间演变成一个平衡态系统，叠加态的弯曲时空消失了。由于空间中水分子的分布非常均匀，表现为各向同性，因此引力处处相等。三维转化为二维的过程使我们的宇宙由一个具有局域曲率的时空转化为没有具体维度（我们把这种状态称为超维）的全域性时空，空间扩张了 N 倍——直观感觉我们认为空间膨胀了——因为存在参照系"星系结构"，一旦参照系消失，只剩下宇宙黑洞时我们将很难判断时空是否仍然在膨胀。

由于我们的宇宙遵循着能量守恒和物质不灭定律，恒星物质产生的热辐射均转化为时空的熵，质量并没有失去而是失去携带的热能后，成为微波背景的一份子。这样看来，时间对三维物体并不友好，反而对冷暗物质有利。随着时间推移三维时空逐步萎缩，二维时空逐步扩大。在三维时空里由于物质密度分布的不均匀，每一个空间区域的弯曲程度是不一样的，但是转化为暗能量以后，将被均匀地展开在时空中，我们的时空将随时间变得越来越平滑，在几个百亿年以后三维物质将全部转化为能量，不会再有熵增加——由于没有增加光子，失去了光的传递后信息将不能传播，我们的宇宙最终演变成一个冷暗大黑洞，时空将不再膨胀。

　　加州理工大学研究生张志才以及由 MarvinL. Goldberger 物理学教授 Harvey Newman 和陈尚义物理学教授 MariaSpiropuu 领导的高能物理研究团队成员通过研究得出，在极端的低温环境下也就是所谓的"绝对零度"时，希格斯场会变得不稳定。粒子天体物理中心张双南教授也认为，如果黑洞的温度是真正的温度的话，就意味着黑洞无限接近绝对零度时，极端黑洞的视界将变得十分不稳定，必定在一次爆炸中大反弹。霍金在研究黑洞辐射时同样预测出这样一个结论。如果存在霍金辐射，当黑洞面积收缩，负熵减少时，正熵增加。根据黑洞力学第一定律可知总熵守恒，熵没有在我们的宇宙中丢失。当收缩到某个视界半径时，负熵转化为正熵，正熵代表热辐射加强，时空的温度将上升。根据质能方程我们在前文中论证，由于引力与排斥力等价，并且在某种条件下可以相互转化，因此当黑洞收缩到某个小尺度时，引力将转化为排斥力阻止奇点的出现。这似乎表明如果我们的宇宙最终演化为一个黑洞，出现大反弹或大爆炸可能是必然的，并且都允许产生引力波，只不过大反弹造成的波动将比大爆炸振幅小得多。问题的关键是，最后成为黑洞的宇宙究竟是一个史瓦西黑洞还是克尔黑洞，这样的区别将决定了宇宙未来的命运。但是一个可以预见的确定性结局是，不论是史瓦西黑洞还是克尔黑洞都允许我们的宇宙通过某种机制大反弹或大爆炸重现，并且生生不息，我把这套模型称为黑洞膜循环宇宙——BlackHoleMembrane 缩写：BH.M。这套根据相对论推导得出的理论目前仍然是一个粗糙的框架，仅仅勾画出一个宇宙演化的历史轮廓，仍然欠缺一些细节，尤其是宇宙黑洞收缩的机制还不清楚，需要通过数学方法找到依据。这亟待很多学者共同努力，才有望在十年或更短时间内建立起一套完整的思想，相信到那时构筑在熵理论基础上的循环宇宙将会超越其他模型成为更能揭示宇宙真实的理论。

如果我们的宇宙是一个完全自足的黑洞，所有的历史都由宇宙内的能量与物质相互转化构成，我们相信宇宙总能量是恒定的，由于这个先决条件的存在促使我们的宇宙受到一系列定量的物理定律制约。

首先，决定了时间镞的方向必须由宇宙大反弹开始。宇宙内所有的普通物质只能在大反弹这样的事件中产生，不存在其它途径——如果存在其它路线例如对于短促激烈的射电脉冲有学者认为是恒星黑洞或星系黑洞演变为白洞时发出的辉光（黑洞吸积的物质通过虫洞穿越到白洞抛出）——这些想法是危险的，要真的是这样则表明宇宙的历史必然反复震荡，既没有开始也没有结束，更重要的一点是不断抛出物质的黑洞将不可能成长，并且宇宙不同的区域形成的时间必定参差各异，甚至存在百亿年数百亿年的差别，例如在千亿年前某黑洞转化为白洞抛出的物质粒子构成的一些矮恒星今天仍然没有消亡，而某些黑洞才刚刚喷发，它形成的结构将仅有几岁，那么宇宙全域将不具有均匀各向同性——这显然不是我们宇宙的真实写照，因此在一个完整的宇宙历史中由光电子构成的普通物质衰变演化为冷暗能量是一个漫长不可逆的过程，在整个过程中只允许物质转化为熵，不允许"熵"这种无用能直接演变为物质。弱相互作用衰变正是这样一个单向演化的过程——费米子结构被破坏，空间反演宇称不守恒；宇宙增熵，时间反演宇称不守恒。这可以非常简单地解决为什么一块玻璃镜打碎了不能重新倒退变回镜子这样的生活经验。正如第四章提到的那样熵包含了能量与信息，即使你可以通过支付新的能量使碎片重新变回玻璃镜，但是你无法从时空中提取原来镜子的信息熵使之变回物质，重圆的破镜便不再是原来的镜子，这一点在宏观相对论物理以及微观量子物理中都适用，因此时间不能反向流动——我不建议利用热力学第二定律由熵增方向决定时间方向而是由物质与熵之间的转化关系决定，熵增或熵减不会影响时间的单向性。不论宇宙处于膨胀相还是收缩相，时间必永续向前，万物都有一个寿命，时间有一个终结。这样将不会出现"当引力大于排斥力时时空停止膨胀，星系物质将吸引时空转而收缩"的情况，因为只要仍然存在星系，熵必然继续增加，时空继续膨胀，因此时空的收缩可能需要通过其他机制解释。

第二、黑洞总能量守恒（或称熵总量不变性）决定了时空必定是有限有边界的，宇宙里所有的物质形态与能量都是有限的，而非无穷无尽的。宇宙的这个特性可以让我们回答两个在科学界非常有名的悖论。一个是希尔伯特旅馆，如果有一家拥有无限房间的旅馆，理论上可以住进无限的旅客，即使房间已经住满了，如果再进来一个顾客，我们仍然可以安排他入住。这样无穷大变成了无解。现在这个问题可以变得有解。因为物质是有限的，所以我们可以这样假设——如果顾客和房间全部都是用碳构成的，其中50%的碳构成了顾客，另外一半木材用来修建房子，那么房间刚好满足顾客的需要；如果所有的碳构成了人，而房子是用水泥钢筋建成的，若宇宙里碳的含量大于铁，那么肯定有些顾客没有房间睡觉了，相反如果铁的含量大于碳，那么将会有空房间。另外一个有趣的问题是，如果太平洋上有一小块地方，它由无穷多的点构成，那么它应该可以与整个宇宙所有的点一一对应。现在由于物质是有限的，构成物质有一个基本单元，质点变得不允许无限细分，所以，太平洋上的质点永远少于宇宙的点。

伽莫夫写过一本书《从一至无穷大》，里面提出很多有趣的现象。的确在现实生活中许多数字的大小我们无法计算或表达，例如伽莫夫指出"所有数字的数量是无穷的"，这个概念没有错，"在宇宙中堆满沙子，沙子的数量也是无穷的"，这样的表达也是可以认可的。但是由于我们的宇宙在时间和空间都是有限的，这样即使理论上你仍然可以在一个无穷大的数字后面继续加一，而你没有时间进行这种行为了，你和你无穷大的数字都会在大反弹的一瞬间被抹去。同样地即使你拥有更多的沙子，但是有限的宇宙空间已经没有地方提供给你放下哪怕再加一粒。这相当于你即使拥有超人的水平，可以摆出无限长的骨牌，但是你的手只是轻轻抖动了一下，你所有的努力都必需从头再来。

黑洞时空是有边界的，因此宇宙必定具有边界，一个有限有边界的宇宙严格限制了无穷事件的发生。宇宙的边界可能实际上正是宇宙黑洞的事件视界，哪里具有非常高的曲率，以确保我们宇宙的能量和信息不会泄露到宇宙外，即使你拥有足够多的时间和飞行速度，边界将禁止你到达，因此你不必担心会从边界失足跌落。

第三，总熵是守恒的，或者负熵（无用能、暗能量）增加同时正熵（可用能、热辐射）减少——时空膨胀，或者相反，负熵减少，正熵增加——时空收缩（负熵代表黑洞面积，正熵代表温度），因此宇宙内的熵不会无限增加，这限制了时空不论膨胀还是收缩必定存在一个终结的尺度节点。由于我们的宇宙类似于一个全封闭的赌场，不管赌客是输钱还是赢钱，赌本都没有离开过赌场，这样就不存在每一次大爆炸都损失一些熵，令宇宙需要经历多次大爆炸后才能使熵刚好允许人类出现，这样我们就不需要人择理论，而由一套通用的定律自约，宇宙的各种精确的常数也可以通过因果关系得出。这样的结果令到人类是否能够出现完全由某些随机因素耦合决定。

由于我们的宇宙受到各项守恒的制约，宇宙间存在的各种标准模型数值均不会改变。但是每一次大反弹光电子物质的分布是随机的，质能比例允许在某个尺度涨落，这使得每一个宇宙的历史都可以不一样。黑洞宇宙只限制了质量、能量和熵（遵守确定性原理），而时间、空间以及描述宇宙历史的信息是变量（遵守不确定性原理）。

上述这些表述我们可以通过观察强子对撞机得到验证。强子对撞机利用强磁场和环形加速器，使粒子加速碰撞破碎，重子转化为亚原子粒子、夸克、色味，强子对撞机里产生的巨大动量和热辐射通过时空的绝热膨胀被消耗掉了。随着色消失光同时消失，温度急降，熄灭的质 M 和光 C 是不是完成丢失了呢？根据物质不灭定律和能量守恒定律，M 和 C 必定是转变成为一种不发光的能量 E，并且这部分的质量以暗物质或暗能量的形式仍然保留在对撞机云室内，同时使得宇宙中熵增加了，因此我们必然能够在云室中看到暗物质转化为暗能量的过程——当然我们需要改善云室的环境使之足够低温帮助这些暗能量瞬间处于凝聚态并且能量密度足够高，运动速度足够低。一个原本仅有微观尺度的强子扩散为云室那

样大的空间，这个空间均匀地布满了可能只有或小于普朗克
尺度的低温且自由度非常高数量庞大的不可再分粒子，那么
我们猜想暗能量子可能是构成我们宇宙的最基本单元。这样
按照时间反演，如果人类掌握了足够的技术，可以把保留在
云室中的暗能量从新收缩叠加成暗物质，甚至从新相变成物
质粒子。理论上如果云室中的暗物质重新形成，尽管其引力
非常微弱，仍然可能使处于低速状态的冷冻光子路径偏转。
我把强子对撞机那样的环境称为大统一理论弱场，显示出当
普通物质失去基本的三维结构后，将同时失去强力、弱力和
电磁力，四种自然力退化为强度"不为 0"的同一种弱的力。
表明并不一定必须在超高能条件下四种自然力才能统一。在
弱场中四种自然力退化为"排斥力"符合黑洞定律的期望，
并且我们对时、空的理解将变得非常简约——空间的本质即
熵——强子对撞的结果是云室中充满熵，没有熵就没有空间
存在，空间是熵的客观体现。时间的本质即熵的流动，由低
熵向高熵方向流动代表时空收缩，宇宙的无序度越来越高。
由高熵向低熵方向流动代表时空膨胀，熵的特性将越来越单
一，因此随着时间的流逝熵增加得越多，时空行为越趋于各
向同性，并最终达到热平衡。我们的宇宙历史正是"熵"双
向流动的结果，这个过程代表一个时间的开端和终结。时间
和空间分别代表熵的两个基本属性，因此时空不可分割。但
是在一个平直二维的宇宙时空中，作为熵流的时间其流逝总
是均匀地平滑流淌的，并且不论熵的流动方向向熵增还是熵

减不会对时间方向产生影响，时间仍然沿着一个方向继续流逝，而作为空间的熵增其速度则时快时慢，空间既可以前进也可以后退，既可以膨胀扩大也可以收缩减少，从这个角度考虑时间与空间又并非总是同步一体而是各自独立运行的。背景时空正是一个逐步向热平衡方向演化的大统一弱场，全同粒子处于低速运动状态，不受泡利不相容定律和不确定性原理影响，在一个由熵构成的均匀时空中任意一个节点只要多于两个以上暗能量子"在同一时刻处于相同位置"，就会显示出量子涨落——表现为引力效应——所谓"引力"即是时空中能量质量处于叠加态的一种表现（通俗地表达就是：处于平衡态的时空每一个点都只有一个暗能量子，因此不会表现出引力，一旦在某个具体的点同时叠加两个或以上的能量子时，平衡态便被打破，这个点将比其它地方"更重"，这时候就表现为引力，从这个意义来说，引力并不需要交换所谓的引力子而仅仅是与均势的背景时空形成势位能差的结果）。由于单个的暗能量子质量非常小并且它们之间相互排斥，因此引力是四种自然力中最弱的力，但是引力是量子化的，叠加的能量子越多，量子势垒增加越快，引力效应越强，时空曲率越大，作用距离越远。根据质能方程 $M=E/C^2$，至少 9×10^{10} 个能量子才能塌缩成一个夸克，即大约 6.561×10^{40} 个能量子才能构成一个强子，这样拥有一个强子的空间将比背景空间重 6.561×10^{40} 倍——强力的大小约为引力的 6.561×10^{40} 倍，这个空间便表现为弯曲。物质正是大量能量子被囚禁在一个极小尺度的量子空间的表现（暗物质则是相对论大尺度时空中一种高密度能量的叠加态），因此万物皆具引力，只有处于平衡态的暗能量引力为0。引力具有局域性，即当下的物质不能对138亿光年外的物质产生引力作用（引力不允许超距作用）——正如牛顿万有引力定律描述的那样"引力大小与距离平方成反比"。有一个非常有趣的现象，自然界中已经确认的四种自然力作用力矩都是有限的，只有电磁波可以传播无穷远（包括质量为0的光子和不为0的电子、中微子），信息可以凭借电磁力传播无穷远。自然界中不论是强力还是弱力或电磁力构成的基本粒子都具有波粒二象性，而引力仅具波动性但不存在粒子特性，正如爱因斯坦认为的那样——引力无非是时空弯曲的客观表现，我们几乎可以肯定不存在引力子（如果我们把暗能量子称为排斥力子，当然也可以把它同时称为引力子，那么单个引力子的质量就是 6.561×10^{-40}。尽管如此，传播引力的却不是通过交换引力子而仅仅是时空失去平衡态的一种客观体现）。而引力波的形成是物体震动或运动引起的时空涟漪，假如时空中允许存在一个绝对静止的物体，则该物体不会产生引力波。引力波的强度大小与该物体动量成正比。这正如轮船静止地停靠时不会引起波浪一样，只有轮船运动时才能引起海浪，轮船质量越大，运动速度越大转化的能量越大则海浪越高，波传播越远。但是波传播一定距离后必定随能量消耗而平滑化，只有粒子可以自由运动穿行在宇宙间。正是由于两者的这种区别使我们可以在任意时间任意空间截获电磁波或电磁粒子、中微子等具有波粒二象性的粒子却不可以任意获得引力波或引力子。

根据我们对恒星演化的认识，在星云进入收缩相的整个过程中，尽管星云内部因热能的积累温度不断升高，但是不会产生新的元素，只有在核聚变发生时，瞬间产生的巨大排斥力与引力发生强烈冲突时，原子核才能合并成更大质量的元素。因此我们预料必须在大反弹瞬间产生巨大排斥力与宇宙黑洞引力发生冲突时，暗能量才能聚合成基本粒子，通过捕获时空中的自由电子以及中微子合成重子。根据爱因斯坦质能方程我们推测，在大反弹暴胀期间，越早期时空引力越大，克服引力场需要的动量也相应越大，这样越早期生成的基本粒子质量也越大，这个结果与标准模型认为的那样小质量夸克为第一代夸克的描述刚好相反，越小质量的夸克越晚出现，因此上夸克下夸克是第三代。大反弹产生的爆发力把粒子象子弹一样向时空中发射，当这些基本粒子企图挣脱引力场束缚时，引力场必定对这些粒子产生一种相反方向的挤压，促使这些粒子不可能以直线运动逃脱，挤压力越大波长压缩得越短，粒子获得的动量越大，当引力场下降到很小尺度，仍然可以赋予光子一点点质量和波长。因此波粒二象性是引力场赋予基本粒子的内禀属性，换言之粒子的动量是大反弹赋予的，而粒子的质量则是与黑洞引力场对抗过程中获得。越早期形成的大质量夸克需要在一个高能场中约束才能存在，因此是极其不稳定的，一旦进入平直时空中失去了大引力场束缚后将迅速衰变，只有在暴胀结束后形成的小质量夸克才能构成稳定结构。零质量的自由光子必须暴胀结束后在平直时空中才能出现。光速正是大反弹的动量赋予光子挣脱引力场束缚的内禀特质，宇宙内不可能存在任何力量大于大反弹的动量了，尽管所有基本粒子的运动速度都是由同一个大反弹事件的动量提供，但是质量越大，获得的加速度越小，正由于这个原因，宇宙内没有任何物质的运动速度可以超越光速，只有零质量的自由粒子才能以光速运动。我们宇宙的光速设定为 30 万千米/每秒，如果存在平行宇宙，一个更大质量的宇宙大反弹的动量可能大于我们的宇宙，那么给予光子的内禀速度可能大于 30 万千米，相反一个质量小于我们宇宙的平行宇宙产生大反弹，它的光速可能小于 30 万千米，但是不管数值多少，都是那个宇宙内的极限速度。由此我们可以理解在物理定律里为什么存在那样多标准常数，正是因为所有的这些现象都取决于大反弹的动量和宇宙黑洞的总质量之间的冲突，而这两个量在我们的宇宙内永远是恒定的，这正如化学反应方程式一样——如果参与反应的两个化学成分完全一样，反应条件完全一样以及所有其他牵涉的因子不变，其最终结果不会有本质上的差异。因此我们的宇宙不管循环多少次必将得出高度相似的分形结构。

　　不论我们的宇宙最终演变成一个史瓦西黑洞还是克尔黑洞，由于我们在上述文章中已经定义了两个不同的元拥有各自的时间、空间和信息量度，因此我们允许在一个孤立的二维元中仍然可以使用这三要素，即二维膜空间由膨胀相转化为停止膨胀或进入收缩相时，随着尺度的改变，黑洞时空同时改变，这需要一个明确的时间量度和信息描述这些变化，这代表即使在黑洞里爱因斯坦的相对论仍然有效，宇宙的每一刻都与前一刻有所不同，时间在这里得以延续。直到大反弹或大爆炸的一刻，一个新的世纪出现，旧宇宙的空间、时间、信息将与新时代的创生同时结束，意味着时间、空间和信息都有一个开端和一个终结。这样的结果表明我们的宇宙历史仅仅是无限次循环中一个阶段性的事件而已，因此循环理论允许爱因斯坦的相对论时空观和牛顿的绝对时空观并存，并且都在大反弹的时刻终结和创生。关于旧宇宙的时间、空间、信息将不会对新宇宙产生任何影响力，正如霍金的航天员进入黑洞后变得"无毛"一样，能够影响新宇宙的只剩下牛顿的"质量"爱因斯坦的"能量"和霍金的"熵"，代表我们的宇宙自始至终都遵守物质不灭和能量守恒定律。

如果我们的宇宙的确是黑洞循环演变而来，当时空收缩到某个尺度时，疏散的暗能量将重新塌缩成高密度的暗物质球（这个暗物质球等价于整个宇宙，如果是这样则表明暗物质不是被创造的，而是时空特有的并且是唯一的形态——暗物质构成叠加态宇宙，代表收缩相，暗能量构成平衡态宇宙，代表膨胀相），只能存在两个解，要么到最后出现一个极其高温的奇点，对应大爆炸模型。要么排斥力阻止奇点出现，

在温度达到 $10^{-6}K$ 时，这个巨大的凝聚态玻色子体将会发生量子相变演变出费米子，对应大反弹模型，表明不论宇宙是从大爆炸开始还是从大反弹开始，历史都在循环——我们宇宙的历史实际上也可以看作是费米子（物质）转化为玻色子（熵空间）的过程，因此时间反演就成为玻色子凝聚态破缺创造出费米子的事件。我猜想暗物质正是象玻色子一样处于某种特殊凝聚态的熵，正因如此，暗物质相互碰撞时不会产生象费米子相互撞击一样激烈的爆炸而是直接穿越对方，并且它的单位密度必定小于基本粒子才能允许物质无阻尼地穿行于暗物质晕中，能够对于光和电磁粒子透明。暗物质的这种特性充分表明它就是"无用能"——密度熵，它与我们生存的空间融为一体而我们并不能感受到。如果是第二种结局则预示着初始化时空将只能出现一个较温和的暴胀——例如不会超越光速，并且以这种方式重现的宇宙允许不必要产生反物质粒子。根据科学家观测所得，早期的宇宙存在不小于80%的暗物质。大量暗物质的存在这一事实将不支持反物质的出现，正反物质相互湮灭可能直接转化为暗能量而非暗物质，高密度的暗物质可能通过凝聚态量子相变直接生成普通物质粒子，宇宙中这些少量的普通物质可能并非由大爆炸方式产生。同时大量暗物质的存在似乎也暗示早期的时空不太可能发生过古思式的暴胀。如果在大反弹不到 10^{-36} 秒到 10^{-34} 秒那样短促的时间内发生过暴胀，将会有大量暗物质被拉伸为暗能量。另外黑洞宇宙的循环必定是永恒的，一个周期接续下一个周期，无始无终，不会存在"已经经历了多少次轮回"这种结论。如果存在"第一次轮回"，科学将最终变回神学，这样的结论与上帝创造了奇点没有区别。

我们假设宇宙最终演变成一个史瓦西黑洞，接下来将发生什么？宇宙时空将会是一个完美的三维球体必定令到万物都拥有一个共同的引力方向——一族指向球心质点的引力线，这样史瓦西黑洞必定存在一个奇点（"循环宇宙论"很容易解决奇点的起源以及奇点形成前的时间与空间疑难，因此大爆炸模型将被包含在循环理论中）——但是正如我们前文推断的那样，这个奇点极有可能最终不会出现，引力将在达到某个阈值时转化为排斥力阻止奇点出现。一旦出现奇点，根据牛顿-开普勒定律引力大小与距离平方成反比，即表明史瓦西黑洞内部存在多个"洋葱结构"的不同引力圈层，这样的黑洞并非一个达到热平衡的孤立系统，将违反黑洞热力学第零定律——这是我对奇点热爆炸宇宙模型不信任的原因之一。由于引力的作用史瓦西黑洞将进入收缩相，随着半径的缩小形成一个非常紧致的高温奇点（这符合热宇宙大爆炸模型的预期，标准模型认为这样的奇点质量无穷大熵最低，但是物理定律显示除了普通物质粒子外其余质能均无法产生热辐射，"熵"这样一种无用能即使在极端收缩的条件下是否真的能够产生千亿度高温，我非常怀疑——熵理论不允许出现高温奇点）。当到达某个临界状态时，奇点变得越来越不稳定，并且最终坍塌发生大爆炸。在宇宙重生的瞬间允许同时形成正反物质并通过湮灭再次成为暗能量（要是那样时空中必定充满辐射而非暗物质，对婴儿宇宙观测结果显示，早期时空中暗物质比例很高而暗能量比重并不大，这引起理论预言与实际观测产生强烈冲突，表明在大反弹或大爆炸事件中并没有产生反物质）。如果我们的宇宙最终是一个史瓦西黑洞，将要求大爆炸发生时以及此后整个历史演化过程中宇宙都必需有一个中心——一个大爆炸的发生区域，万物皆相对于这个时空膨胀，这与我们的观测结果冲突。这个大爆炸模型要求我们的宇宙必定由一个异常高的曲率开始并且准确地拉伸到一个如今的平滑水平，这的确需要一个日夜不休的精算师设计一个完美的初始状态并且在宇宙演化的整个历史过程中不断地作出精准的调试，才能使相关的各种数值达到我们的期望，这是大爆炸理论需要一个人择理论来支持的原因，显然不能完全放手由自然法则做主，这代表该模型并非最理想的。事实上从该模型建立至今，当年没有办法解决的一系列问题仍然无法解决，甚至涌现更多的不自恰。例如理论上，温度越高压力越大，越能够合成大质量元素，比如超新星爆炸。如果婴儿宇宙是一个比超新星爆炸更高温高压的环境，并随时空膨胀逐步下降，为什么在这样的环境下，质子中子电子没有优先形成大质量元素，反而形成了最轻的氢和氦元素？另外，有一个非常奇特的自然现象，我相信很多人都没有想过，为什么宇宙里的元素第一号是氢，而第二号就变成了惰性元素氦，并且这两种元素占了宇宙元素丰度的

99%以上。如果氢是一种活跃元素比如说是氧元素，我们的宇宙将变成什么情况呢？那就是在宇宙诞生的一瞬间就全部变成了水分子，我们的宇宙将停止演化。如果我们的宇宙是热奇点大爆炸产生的，将有可能变成这样的结果。另外热宇宙模型的初始化环境与原初黑洞不相容。尽管我们对原初黑洞并不清楚，有一些特征是可以确定的，例如这种结构是低温冷暗的物质形态，另外我们初步知道原初黑洞对电磁力和光没有反应，只存在万有引力，这表明这种结构必定是在引力破缺之前就已经形成了，那时候还没有电磁力和自由光子，并且必需在空间极其小、能量密度极其大的环境下才能够实现。这样的环境只有暴胀结束前才能具备，但是这时候的时空温度高达1000亿度，即使能量密度允许形成原初黑洞，如此高温的条件下必定在出现的同时迅速蒸发殆尽。若时空膨胀到足够大时，温度下降到允许原初黑洞形成了，但是这时候能量已经被暴胀稀释，压力已经降到不可能再适合原初黑洞的形成，大爆炸模型并没有为原初黑洞的形成给出适合的条件，要么温度过高，要么能量密度过低，热宇宙大爆炸环境与原初黑洞是激烈冲突且不可调和的。根据大爆炸热宇宙模型预测，100秒时时空温度约10亿度，暗物质形成，这似乎同样存在明显冲突，这种超高温沸腾的环境不太可能允许冷暗物质的生存。模型预测即使到了38万年后，空间温度为3000度，10亿年仍然拥有20度，这要比2.7K的背景温度高出许多倍，这样高温的环境仍然非常不利于冷暗能量集结成团，这与观察并不相符，显然不论是理论上还是实际观测中都对热大爆炸模型不是非常友好。

另外一种可能是我们的宇宙最终终结于一个旋转的克尔黑洞，这样的黑洞将退化成一个二维膜或超维的时空（据观测发现极早期的宇宙时空同样是平坦的，这样看来大反弹发生前的宇宙不大可能是一个三维球体而更象二维膜），这是一个热平衡系统，不允许存在奇点，也不会出现一个类似中心的结构，因此，尽管它通过大反弹重新呈现，一个新的开放时空同样不存在中心点，这非常符合我们宇宙的实际情况。它的膨胀是时空各向展开，普通物质的产生不是由某个奇点爆发，而是在整个黑洞各处的所有时空点同时涌现，黑洞整体上仍然是二维膜，仅仅是一下子冒出了星星点点三维的结构而已，因此不论是表现为结构框架的暗物质还是表现为暗能量的熵以及由基本粒子构成的星系从物质产生的初始化时期已经全部"均匀地"分布于整个时空各向，宇宙在大尺度上是均匀的以及星系显示出成团性同时共存变得理所当然，即大反弹的瞬间宇宙的各向同性、各向异性、非均匀性和宇宙的结构同时形成，换言之时空中的各种结构不是后天逐步形成的而是先天存在某种结构并且在后宇宙时代不断拆分组合变化。我们不需要一个类似古思的喷射式暴胀模型，古思式的暴胀就象一个泉眼突然喷出整个太平洋一样不可思议，我们的暴胀更象整个太平洋在刹那间同时被海水淹没一样，一个完整的全域性三维时空从二维膜中相变产生，就象一个平滑的海面上由于寒冷同时结冰，海水仍然是二维的，仅仅是相变出质点状的三维冰块冰山，这样的结果允许第一代星系可以在极早期的宇宙各向同时形成，并且不会与后期的星系存在本质上的区别。古思暴胀理论的提出是为了解释微波背景各向同性而假设存在的，它的动力模式虽然可以解决早期的膨胀，由于此后的 138 亿年期间所有空间都因为膨胀相互远离，不可能存在任何交流，因此古思模型不能解决为什么现在或今后不论经历多少年这种同性仍然得以保持，现在我们已经弄清楚微波背景的各向同性完全是由于它是由同质的熵构成，因此这个暴胀构想已经失去意义，我们可以在抛开这个固化的思维束缚的情况下思考大反弹时时空行为的各种可能性。

　　如果我们的宇宙的确是由一个面积广阔的克尔黑洞产生的，基于这样的黑洞是一个多极二维膜的特征，处于二维的上下或左右的南北半球必然既有对偶性也存在差异性，而宇宙内所有的旋转都是以一维作为旋转轴绕二维黄道面旋转，那么我们将很容易解释为什么微波背景以及宇宙结构分布存在偶极各向异性，也很容易解释我们的宇宙为什么选择了物质而非反物质，为什么观测发现大量超级结构会向着某个特定方向作定向运动（红移和蓝移并存），为什么宇宙射线南北半天球存在微扰偏振等问题。基于黑洞学第零定律，这样的宇宙必定拥有一个和黑洞一样非常小的宇宙学常数。如果宇宙以大爆炸方式发生，一个极其高温高辐射的环境可能促使熵的流动性增加，暗物质晕将会有部分逃逸发散到空间形成最早期的微波背景辐射，但是观测的结果表明在宇宙诞生最开始的 38 万年内整个时空似乎还未出现微波背景，这个结果可能暗示这一时期宇宙温度非常低，暗物质仍然处于"凝结态"，直到 38 万年后物质进入活动期时空开始形成热结构，温度上升一部分暗物质才开始降解为暗能量。

　　普通物质是由暗能量在大反弹中生成会产生一个疑问，这个构成我们宇宙最基本单元的暗能量子并不具有电磁力和强力，甚至不存在弱力，是何种机制帮助这样一种粒子在大反弹后几乎同时获得了这些自然力？要解决自然力的产生我们可以参考黑洞吸积过程的反演。在黑洞吸积普通物质时，这些带有强力、弱力和电磁力的基本物质在进入黑洞界面后似乎把所有这些因子都丢失在视界外部，仅只有暗能量子（负熵）进入黑洞内——霍金猜想这些实粒子脱离了黑洞后逃逸到遥远的宇宙边界——我把边界这样的环境称为大统一理论强场，显示在低温高能环境中当三维物质解体时四种自然力将进化为强度很大的同一种力被束缚在边界，促使边界形成一个高度卷曲的四维强引力场。与前文提到的大统一理论弱场进行比较，我们可以发现，无论是强场还是弱场四种自然力都可以演变成同一种力，但是两个不同强度的场得到的大统一力似乎存在根本性区别。在超高能（不等同高温）环境下，四种自然力演变成同一种强度很大的引力，相反在超低能条件下四种自然力退化为同一种弱的排斥力，这种力是主宰宇宙命运的重要力量，因此我认为引入排斥力作为第五种自然力是必要的。在两个不同强度的场中我们注意到某种独特的性状，那就是即使引力很强的情况下粒子仍然保持同样强的排斥力——粒子具有很高自由度。同样在弱场中时空尽管表现为排斥力也仍然保持引力的效应——时空曲率不严格为 0，这似乎再次印证能量子同时具有引力和排斥力的二重性，因此引力与排斥力等价并且可以相互转化，这是我认为大统一理论可以把引力排除的原因之一。建立大统一强场弱场概念有助于理解标准模型和这套新的黑洞熵理论之间的互补关系。

二元开放性系统	物质元⇅能量元	收缩相⇅膨胀相 正熵⇅负熵	顶夸克/底夸克→桀夸克/奇夸克→上夸克/下夸克			强力、电磁力、弱力、引力
			陶子——缪子——电子			电磁力、弱力、引力
			中微子（以上物质粒子为标准模型基本粒子）			弱力、引力
			能量子（构成万物的基本单元）	叠加态 ⇅ 平衡态	→ 暗物质→ ⇅ → 暗能量/微波辐射/熵	引力（引力-排斥力对立统 ⇅ 一体/马约拉纳粒子） 排斥力（惰性磁单极子）

说明：标准模型糅合黑洞理论显示，从上到下标准模型基本粒子、暗能量子受到的自然力逐步递减。

1、时空膨胀速度取决于熵增的速度。每增加一个熵量子，空间就会扩大一个对应的无量纲面积（S=A/4），用于描述这个变化的信息和时间必需同时更新。由于熵是量子化的，因此时间、空间和信息也是量子化的，实在的。包括时间、空间、信息、物质和能量，万物都由熵构成也最终归结为熵。正熵和负熵的存在显示我们的宇宙是一个相对性系统，即使演变成孤立的黑洞，熵仍然包含两方面相互转化的动力学性质，帮助宇宙继续繁衍，生生不息。

2、关于磁单极子性质的探讨。把物体一直细分直至时空中任一点位置只剩下一个量子单体，这一单体就是暗能量子或称为熵。熵是极其低速的惰性磁单极子，具有弱磁性不具有磁力线，因此真空场也就不会变成磁场而显示电中性。由于暗能量已经是最小单元，不可再分解，换言之不存在衰变，因此不受弱力作用。当时空中任意一个普朗克空间同时拥有两个以上磁单极子时，其中一个将自动改变极性成为对称子，形成偶极子，这种情况只有大反弹（大爆炸）瞬间才能具备。磁单极子这一性质永远不会改变，因此取一段磁体任意截断，截口处将自动生成对称极。由于单体磁单极子只有一个极，它们总是相互排斥，时空膨胀的机制正是熵这一性质造成的，换言之，处于绝对平衡态的量子时空只存在排斥力，不存在引力，故严格意义上排斥力不能称为反引力，只有量子处于叠加态才产生引力效应。磁单极子具有弱磁性、弱排斥力和弱质量，因此真空场不严格为 0。这造成引力场、排斥力场、电磁场都是时空固有的特质。当宇宙演变成黑洞时，时空中只剩下磁单极子，大反弹时却同时存在磁单极子（暗物质暗能量）和偶极子（普通物质），宇宙总体上磁单极子要比偶极子数量多得多，因此时间空间反演均宇称不守恒。

3、为什么我相信暗能量子可能是构成万物最基本的单元，并且是磁单极子呢，让我们层层剥笋打开物质由宏观到微观尺度五种自然力的结构。第一层天体尺度到整个宇宙尺度——引力，第二层原子大小到分子结构——电磁力，第三层原子核内部 10^{-15} 米——强力，第四层 10^{-17} 米——弱力，第五层 10^{-35} 米——普朗克尺度的磁单极子，排斥力。处于平衡态的两个磁单极子之间的排斥力非常弱而稳定（根据质能方程推测这个数值约为 $6.561 \times 10^{-40 \sim -50}$）——表现为宇宙学常数是一个很小的值且恒定不变。

其中，能量子是基态，标准模型基本粒子是激发态，引力是叠加态。标准模型的三种力需要交换玻色子，标准模型以外的排斥力和引力都不需要交换规范子。五种自然力由内到外，随着叠加的能量子数量增加，排斥力不断增强，最终转化为相互吸引的力，时空曲率由平滑逐步转为弯曲，并且随着能量子叠加态增强物质结构尺寸同时增大，作用力距离越来越远。

但是必须要一个巨大的外力才能使磁单极子瞬间塌缩到一个普朗克尺度从而克服排斥性转化为引力，这个巨大的外力正是大反弹。如果确认万物由暗能量子构成，则必然同时具有引力和排斥力的二重性，渐近自由现象以及四种自然力无不带有排斥力的内禀属性将得到合理的解释。

我们知道自然力包括引力、排斥力、强力、弱力和电磁力。引力与排斥力是质能处于叠加态或平衡态两种不同状态下时空自身特质的客观表现，从某种意义上说不算自然力。标准模型中自然力实际上只有三种，这三种力目前已经统一到一套理论中，其中电磁力既可以在短程中发挥作用，也可以传播到无穷远，这是令宇宙获得光与热以及信息得以传播的唯一途径。强相互作用力必需在某种特别条件下才能被创造，例如大爆炸，是使能量结合成三维物质的力；另外一种是弱相互作用力，当物质脱离了大爆炸高温高压环境的束缚时必需回落基态，是使物质解体为二维能量的力，这两种力都是短程的，强力使能量变成物质，弱力使物质重新变回能量，它们的存在帮助宇宙循环演变。不管缺失哪一种，宇宙都不可能存在，这正是自然力的魅力所在。包括霍金在内的大部分科学家都认为质量和能量的一个重要性质是它们总是正的——这就是引力总是把物体相互吸引到一起的原因。我个人认为这种观点并不全面也并不准确，只有能量处于叠加态时才表现为正的引力，当质量和能量处于平衡态时则表现为"排斥力"，时空的平坦性正好反映了宇宙全域的总引力为 0 的事实。标准模型的三种粒子：质子、中子及电子，当中的电子是基本粒子，质子和中子都是由更基本的夸克在强力作用下组成的，因此标准模型和强力、弱力是某一事件（例如形成构成物质的夸克、中子、质子）中被创生的并且随某一事件而消失，强力和弱力分别是引力集合和排斥力集合在量子尺度的表现。

关于渐近自由和色禁闭的理解。根据质能方程可知，尽管大反弹瞬间产生的力促使 9×10^{10} 个磁单极子合成为单个的夸克，由于能量子具有吸引力和排斥力的二重性，这两种力大小相等作用力方向相反它们总是相互抵消的，单个夸克内只有相等的引力和磁单极简并力——合力为 0，单凭引力无法克服排斥力，一旦大反弹能量消失，夸克将自动解体重新退化为能量子，必须存在一个比这种简并力强大得多的强相互作用力才能禁闭夸克构成独立稳定的基本粒子。由于磁单极简并力方程是所有力中最短的，在一个非常短的距离这种力非常强大，足以抵消强力形成一个自由区间。上述猜想仅仅是我的物理直觉，供物理数学家参考。偶极子产生的同时强力弱力和电磁力同步形成。

4、科学家认为所有基本粒子的质量由与希格斯场互动获得。我对这个观点持保留意见。我们已经知道构成宇宙的基本成分 95% 是标准模型以外的形态，这些暗物质暗能量同样具有质量，它们的质量并非由希格斯玻色子赋予，即使在没有物质粒子的时空中仅剩下暗能量时，质量仍然存在（尽管其时态引力表现为 0）。因此暗物质暗能量希格斯玻色子与其它所有基本粒子平权，均由熵的相变与黑洞大反弹事件赋予。

5、关于引力、时空曲率的理解。宇宙背景时空是一个处于平衡态的二维膜，任意一个时空点的能量都是相等的，即势能为 0，如果我们额外地加入一个质量（例如恒星）则该空间必定与背景时空形成一个重力势差，质量密度越大与背景时空产生的势位能差就越大，表现出引力或曲率越大。当一个天体例如地球进入这样一个空间，势能将转化为动能，势能越大动能也越大，因此曲率越大的轨道天体运动速度越快，这就是引力或时空曲率的本质。因此引力常数可以看作是物质质能与真空场之间的等比系数。你每走一步或者发射飞行器都是把热能转化为动能克服势能的过程。

6、关于空间量子化的思考。既然空间的本质是由熵构成，而熵是一种磁单极子，如果我们把自己缩小到与熵的尺度相同的大小时，我们是否将可以看到空间由一个个分立的单向小箭头并排构成，因此空间的形状是平坦的单向二维膜，具有各向同性，超导，引力为 0 等特征？在这样一个完全处于平衡态的空间中一旦某个具体的位置多于两个熵量子处于叠加态，这个位置即演变成这个网格的独特连结点？如果暗物质正是处于叠加态的暗能量，那么物质、暗物质在整个网格中的位置以及作用便容易理解了。

科学家研究结果显示，物质衰变的过程首先演变成强子和轻子，然后强子中的中子继续衰变成质子、电子和反电子中微子，这些质子、中微子、电子寿命比宇宙的寿命更长，我怀疑在宇宙里所有似乎消失的重子和轻子实际上可能从未离开过，并且一直保持运动状态在时空中永续向前，它们仅仅是处于一个非常稀释的状态而已。当时空到收缩足够小，所有这些稀薄的长寿粒子将被逼汇合在某个极小尺度从而变得密度极大而相互碰撞令时空温度急剧上升，这样的时空将被高密度的热暗物质以及活跃的质子、中微子、电子填满，从而使这个场拥有足够大的引力势，迫使质子可以象捕蝇器一样从时空场中捕获这些自由电子和中微子重新捆绑从而获得电磁力、强力和弱力，由于电子数（包括光子）是质子数的十亿倍，因此可以令部分质子转化为中子，从而使物质得以重新形成？如果是这样，是否表明宇宙内所有的质子、电子、中微子数都是永恒存在的，不论宇宙循环多少回，使用的都是相同的基本粒子？即时空收缩，三大基本粒子聚合成物质，物质重新分裂成基本粒子则时空膨胀，这就是宇宙的历史真相？如果是这样则宇宙从未真正实现过真空状态。但是假如我们的宇宙寿命更长一点将会发生什么呢？即等到质子、中微子、电子等全部衰变消失后，一个新的宇宙才重生，那样已经失去构成物质的基本组分，我们的宇宙是否能继续演化下去。是什么机制令到质子、电子、中微子的寿命比宇宙寿命更长以确保每一个宇宙历史都拥有恒定的重子数和轻子数构建我们的物质世界呢？（重子数轻子数守恒可能除了对称性守恒外还有总量守恒？）但是如果质子、电子、中微子的寿命比宇宙更长，将会引出一个更令人困惑更不可思议的问题，这些比宇宙寿命更长寿的粒子可能不是由宇宙产生的，那么是谁把它们放进我们的宇宙的，一个年轻的宇宙妈妈怎样生出比自己更老的重子和轻子呢？在一个完整的宇宙历史内，三大粒子是否最终均发生过衰变，或者是否存在另外一种可能，宇宙的寿命必须与重子轻子一样长，这需要我们等待无限久的时间——至少是 10^{32} 宇宙才能由膨胀相转化为收缩相重生。我们的宇宙充满了迷人的疑惑。

如果这些重子和轻子是永恒循环再用的，那么精细常数可能不存在随时间线性的变化，而是在 1/137 的某一区间波动？

假如我们的宇宙由一个克尔黑洞大反弹产生，我猜想可能存在两种版本（不论哪一个版本都不会产生反物质）。我对许多细节还不清楚，肯定需要更多观察和累积才能接近真相，仅把想到的情形都写下来，究竟哪一种更符合真实或者还有其它版本，留给读者去思考和研究。

第一种可能性是，时空膨胀到极限时，负熵达到最大值，黑洞的温度非常接近绝对零度，这时候黑洞的内视界与外视界将会重合，所有因子包括宇宙常数、万有引力、宇宙质量等都逼近 0，万物归于一统。黑洞视界被拉伸得如此之薄，张力将无法维持时空的应力，两者的冲突使黑洞变得极不稳定，在达到最大值时发生大爆炸，就像一个气球达到最大时，二维面的张力已经无法支撑将破碎一样。由能量构筑的二维膜在大爆炸过程中弹射出很多碎片，这些碎片成为构成三维时空的基本组分，与大爆炸产生的能量一起播散到时空全域各向，这样的爆炸可能引发全域某些独特的幽灵黑洞作出连锁反应，使整个时空各处同时转化为白洞喷发，一个新的宇宙历史从头开始演绎，旧宇宙的时空在大爆炸中被粉碎，不再保留。这样的结局代表宇宙的每一次历史循环都是由一个大尺度开始扩张，到最大值时结束。由于这样的黑洞大爆炸仅依赖微弱的量子涨落，只有一个相对很小的威力，绝大部分的暗能量仍然被保留下来，这种循环模式可能不利于原初黑洞、反物质的形成，宇宙的整个历史只允许存在少量普通物质和大部分暗能量以及自由光子。它与大爆炸热宇宙模型不同之处除了没有产生一个高温的标量场之外，对于怎样赋予基本粒子质量也存在难度。它的优势主要体现在两点，其一微波背景辐射可以非常方便解决，另外一方面是为什么普通物质在非常早的时期已经可以聚集成团并且几乎均匀地分布在时空全域各向。这种模式的黑洞反弹充分利用了相对论时空和量子的起伏两者的结合作用——当一个相对论时空达到最大化时量子的不确定性成为大爆炸最重要的契机，在这种情况下仅需要非常微小的量子波动即可实现。

　　一个克尔黑洞的第二种版本，当时空中大部分三维物质已经耗尽，仅剩下少量热核反应，产生的热辐射逐渐不足以使黑洞面积扩大，膨胀将减慢并最终停止。这时候，整个宇宙将剩下无尽的熵。那么这会不会就是我们宇宙的最终结局呢？我相信大家都会有这样一些经验，一头体型很大的北极熊吃得胖胖的，在一个冰雪很早就融化的年份，北极熊找不到足够的食物时，为了维持生命，它不得不通过消耗自身的脂肪提供生存所需的能量，身体逐步消瘦。我们的宇宙与北极熊这种情况有些相似。当时空里再没有提供熵增的热事件发生时，为了维持自身系统的运作，宇宙黑洞只能消耗自我的能量，体型将消瘦（缩小），因此一段静默时期后，黑洞将发生自发性的霍金辐射，负熵一点点转化为正熵（温度上升）。根据黑洞熵-面积公式，熵与空间面积等价，黑洞面积减少等同于熵减——在这样一个黑洞膜循环的宇宙模型框架内熵并非总是增加的，熵减时黑洞进入收缩相，直到收缩至某个很小尺度，负熵达到最小值（低熵），时空将发生大反弹。至于这个小尺度是一个怎样的值，我不具备这样的数学能力去计算，这个成果需要等待一个类似麦克斯韦或钱德拉塞卡一样的数学奇才出现。根据人类对微波背景辐射的研究成果推测，宇宙黑洞半径可能收缩到 38 万光年尺度时发生大反弹。至于温度阈值，基于一个宇宙黑洞的温度仅有大约 10^{-43}K，过于低温的黑洞环境并不适合相变的发生，熵必须通过时空收缩转化为热辐射使温度升高并且能量密度（压力）达到某个极高的阈值才可以达到相变条件，因此暗物质相变的温度阈值根据个人直观经验我预计可能在 10^{-6}-1K 之间——黑洞和暗物质的性质限制了热辐射的出现，一旦温度高于 2.7K 的背景温度，必定可以为我们所测量到，我相信象大爆炸模型预测的那样，背景温度最大值 3000K 的可能性并不大，奇点温度高达百亿 K 的可能性更几乎为零。随着空间收窄，宇宙黑洞内的幽灵黑洞（恒星黑洞和星系黑洞）将会合并，最终所有幽灵黑洞合并成一个大黑洞，与宇宙黑洞在某个小尺度状态下重合。目前我们的宇宙时空中原子分布非常稀薄，大约每一个立方米才有一个，但是我们在上文中已经证实，随着黑洞面积缩小，能量密度和时空曲率将增加，能量分布呈现出叠加态，尺度越小曲率越大，这样的时空将不再光滑，平衡态将被打破，时空产生各向异性（或称为密度波动）。根据恒星核聚变、地球内部岩石圈相变以及冰、水、水蒸气相互相变的现象我相信暗物质相变为普通物质的条件同样取决于密度压强和温度，按照上述我们对暗能量暗物质的统一描述，这样一个小尺度叠加态能量宇宙必定以难以想象的极高密度暗物质的形式存在，引力势达到最大值。我预计不但一个强大的电磁场能够感应生成正负电子对，一个足够强大的引力场同样可以感应生成正反物质——"霍金辐射"正是基于黑洞强引力场感应生成虚实粒子对原理推导出来的。根据施温格效应，在一个极端低温的凝聚态环境中正反物质粒子将不会湮灭而是相互分开，由于反物质粒子瞬间重新退化为能量仅剩下少量稳定的实粒子，从而引起时空场基态的自发对称性破缺，最终转化为激发态产生反弹，大反弹的一瞬间把收缩过程中压缩的熵的一部分引力能转化为排斥力重新释放出来，使时空瞬间以光速或亚光速急剧膨胀。由于熵等价于空间，大反弹释放出多少熵就会形成多大的空间面积——任何宇宙行为都必定只能产生有限量的熵而不可能是无穷多，因此不需要任何力量阻止，膨胀将自发减慢并停止，不会发生永恒暴胀，也不会出现宇宙泡泡或多重宇宙这样的躁动。这个过程将促使收缩成极小尺度极高密度的暗物质拉伸扩散成大尺度低密度的暗物质晕，整个初始化时空象一个巨大的暗物质果冻，基本粒子就象散落在果冻里的芝麻。随着时空膨胀，果冻必定会进一步分裂成大小不一的块状体使时空出现结构，由于暗物质的引力或称为阻力大于暗能量，这些块状体象胶水一样束缚普通物质成为后期星系星云的基础框架，它们发挥的作用类似于光子胶子在强力电磁力里的作用，只不过暗物质吸积的是集群的基本粒子，直到现在这些块状体被拉伸成丝状体网络，仍然是聚结气体形成恒星的丰产区，缺乏物质（只存在暗能量）的空间将退化为巨大空洞。对于微波背景温度存在大约十万分之一（也有学说认为是百万分之五）的温度涨落，目前公认的理论认为是起源于宇宙形成初期极小尺度上的量子涨落随着暴胀放大到宇宙学的尺度上，这样的结论并不合理。实际上物质仅占宇宙质量的 5%，毫无疑问时空中存在空洞的区域必定比存在星系结构的空间大几倍甚至几十倍，而这些空洞内明显缺乏热辐射，令到空洞的背景温度必定比星系以及星系边界区域更低。这些空洞就象是巨大的容器，每时每刻收纳来自星系等结构释放的热辐射，随时间不断壮大，我们观察宇宙感受到时空在膨胀实际上正是来源于空洞的扩张。基于空间与熵等价，而大部分的熵由物质热核聚变转化而来，充斥着物质结构的空间其背景温度毫无疑问要比空洞周围的星际空间温度更高一些。这种大尺度温度的涨落正正表明微波背景或暗能量均由物质热辐射转化而来。由于我们的宇宙由一个存在暗物质、物质的婴儿时空开始并且空间由熵构成，因此空间涨落，结构出现和各向同性并存是必然现象，只要大反弹发生，在一族自洽的物理定律支配下我们不需要对任何参数作出微调即可演化出今天所观测到的宇宙。同时我们可以利用这种高密度暗物质环解决类似银河系这样的结构中恒星绕星系的切向运动的机制。由于黑洞反馈机制迫使暗物质随时间迁移到星系外围，因此星系岛的边界暗物质密度将很高，形成一条环形的弯曲时空，就象一条沿海高速公路一样，外围的恒星之所以全部无差别处于高速运动状态正是由于沿着这条高曲率公路飞奔的缘故。如果这个原理在宇宙中是普适的，那么我怀疑在太阳系外围可能也存在这样一个暗物质泡泡构成一条环城高速。在某个半径范围内天体按照开普勒定律随着与太阳距离增加而减慢，但是到达暗物质高速路网边界将突然加速，这样可能会造成该轨道外的天体更容易碰撞脱轨或被加速抛出，闯入内行星轨道成为陨石。

暗物质具有质量和引力，可能与普通物质一样受惯性力的作用，我猜测旋涡星系的暗物质可能以某个与星系自旋方向一致的二维面沉降分布，使整个星系同时带动卫星星系沿一个平面旋转，但是明显地如今暗物质的密度必定比普通物质低得多，否则基于暗物质的总质量是普通物质的 5 倍，其引起的时空曲率将要比物质更大，如果是这样，天体必定不会绕星系公转而是绕暗物质旋转，暗物质以及其与星系之间的动力学关系仍有待进一步探索。

由于普通物质的数量只有暗物质暗能量总量的约 5%，令到个别区域只有大质量的暗能量团，却缺乏普通物质集结，这种大空洞结构由于缺少热运动而显得非常不活跃，就象时空中的永冻层一样，这样的黑暗世界，暗物质分解速度将会超级缓慢，它存在的时间可能与宇宙同寿，直到整个宇宙演变成一个超级黑洞时，这种未解体的暗能量团可能成为宇宙黑洞中存在量子起伏的种子，帮助空间由这些种子中心开始进入收缩相。

宇宙将经历一次大反弹后由一个处于热平衡状态的孤立黑洞体系重新演化为一个包含物质与能量的二元开放性系统。这个结论与爱因斯坦的关于宇宙必定在一个收缩相中大反弹主张是一致的，并且与 1963 年两位前苏联科学家叶弗根尼-利弗席兹和艾萨克-哈拉尼科夫的思想原则上是吻合的。我坚信我们的宇宙起源于一个克尔黑洞还有另外一个很重要的原因。由于一个史瓦西黑洞是一个完美球体，其自身可能没有旋转角动量，即使存在某个角动量，一个各向爆炸的冲击波可能把它抹平，但是一个克尔黑洞的宇宙似乎可以逃离这个魔咒。根据俄国物理学家希波夫 1993 年提出的挠场理论，"挠场不会被任何自然物质所遮罩，在自然物质中传播不会损失能量"，大反弹时角动量没有在时空中消失仍然得以保留，并且以某种方式分配到时空中所有结构上，正如太阳星云的角动量被分配到整个行星系各个天体上一样。黑洞巨大的角动量在大反弹过程中赋予了所有粒子的内禀属性，使构成物质的基本粒子都带有自旋。但宇宙黑洞的自旋只有一个方向，因此系统将自动选择与自身旋转扭量相协调的粒子，并且赋予这些粒子质量和手性，而相互冲突的粒子将自动失去质量变成虚粒子，这使得正反物质湮灭形成能量子，但是只允许能量子和正物质粒子存活，反物质粒子变成虚粒子；正负电子对湮灭为光子，而我们的宇宙只允许光子和负电子存活，正电子退化为虚粒子。

根据黑洞温度公式，一个克尔宇宙黑洞的温度只有大约 10^{-43}K，已经无限接近绝对零度，故此不论是在膨胀相中大反弹还是在收缩相中大反弹，我们的宇宙初始化状态可能是一个低温凝聚态的婴儿时空（目前为止实验物理似乎并没有反映出玻色凝聚态破缺会产生热辐射，大反弹产生的婴儿时空能否被加热到千亿度值得深思），宇宙万物都从这个凝聚态时空重新开始，这种"高能量密度、高压低温"的暗物质环境似乎非常适合原初黑洞的形成条件。当时空收缩到某个小尺度时，整个宇宙由高密度的暗物质构成，正如霍金预言的那样，在宇宙大反弹极早期的时候，额外的压力环境下更有利于暗物质团瞬间坍缩成了大量的原初黑洞。由于在足够小的尺度上拥有足够大密度的暗物质，并且处于凝聚态的冷暗物质将不受泡利不相容定律制约，显示这些理想流体内部不会产生强大简并力，意味着这些高密度能量团可以坍塌成巨大质量的原初黑洞，其质量要远远大于霍金的猜想，我估计大部分原初黑洞的质量至少数十倍甚至数万倍太阳质量——黑洞可能比星系更早形成。由于宇宙从大反弹发展到今天，始终处于拥有大量恒星物质的环境，我预料绝大部分原初黑洞不但不会蒸发掉，反而会迅速吸积周围致密的普通物质得以快速长大成为星系黑洞核，并且据估计，黑洞巨大的引力甚至可能吸积暗物质坠入视界内，使大量暗物质转化为暗能量，加速黑洞生长和时空的膨胀。一部分黑洞通过快速合并形成类星体。这样我们很容易理解为什么在宇宙诞生仅有几亿年的宇宙深空大量存在类星体或质量达到千亿倍太阳的巨大黑洞，这些巨无霸不可能通过恒星黑洞壮大的方式得到。我们知道普通物质仅占宇宙质量的5%左右，如果在大反弹初期这些基本粒子分散遍布于整个时空，我们的宇宙将无法继续演化。一个低温凝聚态时空将较高温辐射的时空膨胀速度低，帮助时空在极短时间内下降到慢速水平，"高密度果冻状"的暗物质将凭借巨大引力阻止基本粒子的游离状态，更容易凝聚构建最早的结构，这样可以解释为什么在大反弹的很早时刻普通物质可以迅速聚集在一起构成星云，并且形成庞大的第一代星系，显示暗物质在宇宙结构中的重要作用古今相同。但是根据科学家对"子弹星系团"观测结果显示，当两个星系团碰撞时，普通物质由于相互碰撞会损失能量令到运动速度变慢，而星系团中的暗物质间相互作用很弱，可以彼此穿过，表明暗物质对物质的约束力并非很强，因此在大反弹时期即使的确基于暗物质晕的存在帮助物质粒子集结形成星系结构，相信也需要一个相对缓慢的时间。随着时空膨胀，原本集结在一起的暗物质将断裂成一股股分布到时空各向并且在此后的历史中随时空膨胀的扰动到处流动，随机碰撞合并。由于单位面积里暗能量提供的排斥力非常弱并不能抵消引力的作用（引力可以看作是排斥力在有限尺度下的集合，引力一旦离散为平衡态则退化为排斥力），也就更不可能抵消强力、电磁力的作用了，因此，即使时空膨胀使星际空间不断扩大，星系仍然紧密凝聚在一起，膨胀的只是二元系统中的能量元——即熵的增加只分布到时空中而非物体内部，那么就算到了时间的尽头，暗能量也不可能象某些学者认为的那样把天体撕裂成粒子，物质结构的衰变分裂只受制于弱相互作用力——五种自然力分工非常明确——强力使能量变成物质，弱力使物质变成能量，电磁力形成元素和化合物，引力使物质塌缩，排斥力使空间膨胀。但是一个我们必须正视的现实是当若干个百亿年后星系内的暗物质全部转化为暗能量，失去暗物质后的星系时空曲率会降低，天体的公转速度将会缓慢下降，最终整个星系将面临解体的命运，随着星系内恒星物质全部转化为暗能量，星系可能不复存在。

　　宇宙的起源本质上可以简单地看作物质粒子的创生。标准宇宙学模型认定氦这个元素是由氢热核聚变生成的，但是据科学家估算这种方式形成的氦仅占 1-2%，显然热复合反应产生氦的效率是极其低的。另外我们的宇宙整个历史温度都非常高并且压力非常大，却从来没有发现任何一种情况下可以促使能量生成氢元素的，并且周期表中所有元素都是氢在不同温度压力下的衍生物，因此我们怀疑能量合成为宇宙第一号元素的方式必定与其余所有元素产生的方式和条件具有本质上的区别。通过对强子对撞机实验把物质转化为能量以及超新星爆发帮助小质量元素转化为大质量元素两种极端条件的比较，我们发现两者之间存在一个微妙的区别——把物质转化为能量总是一个放热过程，但是某种情况下把能量转化为物质则是一个吸热过程。因此我深信在大反弹过程中能量合成氢元素的反应也是一个吸热反应，婴儿时空更应该是一个低温环境。我们知道氦是一种复合玻色子，在低温状态下呈现一种理想流体状态，氦要到距离绝对零度 4 度以内才会变成液体。这样的特性可能暗示氦这个元素不一定是通过氢热核反应产生的，在极早期的婴儿时空中存在某个特殊机制，使处于低温凝聚态的基本粒子首先在高密度大压力下形成了大质量的惰性元素氦，随后基本粒子才形成氘、氚、氢。这种低温凝聚态理想流体可以克服热爆炸模型中无法解决的问题。科学家认为大爆炸发生后空间温度极高，直到 38 万年前仍然达到 3000 度。实际上这个数值并非来源于观测而是根据今天微波背景 2.7K 反向推测的结果，可以认为是一个人择数据，而需要一个人择数据支持的理论便是有缺陷的，并且这样的缺陷无法解决早期物质的再电离事件。凝聚态初始时空克服了这些缺点，可以完全交由自然定律制约时空的行为。我认为在宇宙永恒的历史上背景温度从未超过几 K，而暗物质的温度永远低于微波背景温度。从大反弹到 38 万年前的视界存在一个极度低温黑暗的结界，受到低温暗物质的冷藏作用普通物质也处于凝聚态，直到 38 万年后时空温度达到 2.7K，费米子凝聚态破缺形成等离子体，物质粒子开始活跃，温度上升进入热环境，我们的宇宙从此进入物质主导的电离时代。这样的结果可以解释为什么直到现在星云如此低温的情况下整个宇宙内的氢氦气体可以处于电离状态——这表明电离并非一定是超高温的产物。

如果我们的三维宇宙是由一个二维的黑洞膜大反弹产生，意味着无数次的上世都决定了下世的初始状态，但是无法决定下世的历史进程——每一次宇宙的历史都由大反弹时刻物质在时空中随机的分布决定，而这些物质的分布极具不确定性，正如我们把即使同一分量的红酒泼出去，都不大可能泼出完全相同的两个图案一样。这个结论与《时间简史》的观点"如果在此时刻之前有过些事件，它们将不可能影响现在所发生的一切"有本质区别，在这样的模型中更早的时间是可以定义的。前世的质量、能量和熵将对以后一连串的事件产生影响力，黑洞就像一个光明世界的孵化器一样在孕育。

不论我们的宇宙是通过大爆炸还是大反弹产生，都将允许一个牛顿的绝对时间存在，贯穿整个历史，但是关于空间的概念既与牛顿永恒不变的想法不同，也并非完全按照爱因斯坦的相对论，而是两者之间互动互变的结果。一个二维的空间里能量元通过量子相变产生局域的三维元，三维物质在五种自然力的作用下通过热运动的方式重新降维，正象海水相变产生冰山，冰山再降维融入海洋一样简洁。我认为量子理论和相对论不必要合并成为一套理论，相反只有两者共同作用，形成对立统一关系才能确保我们的宇宙循环演绎、生生不息。

　　经过无数代人的努力，人类对物质如何转化为能量已经有了深刻的认识，并且初步弄清楚了时空膨胀的机制，下一步非常重要的工作是探索时空收缩的机制是否源自霍金辐射或者是何种原因，当时空收缩到某个小尺度时，暗能量重新成为叠加态的暗物质，这种高密度的能量元通过怎样的具体路径产生三维物质并且限制暗物质相变出普通物质的比例？一个可能是巧合的数据未知能否帮助我们获得某些启迪。我们了解到恒星通过热核聚变大约有5%的物质转化为能量，根据质能方程我们知道物质与能量之间的转化可能是等价的，在大反弹的时刻能量转化为物质的比例似乎同样只有5%左右的效率，这样的结果是否显示某种反演的对称性。假如大反弹或大爆炸时宇宙创造的结果刚好与现在的宇宙相反，例如物质比例占了宇宙总量的95%，暗能量暗物质仅占5%，我们的宇宙是否将因为引力太大立即重新塌缩，因此冷暗物质成为大比例主角作为宇宙起源的初始化条件可能是宇宙得以进化的必需且唯一的前提？由于我们的宇宙起源于一个果冻状的寒冷黑洞，因此通过凝聚态量子相变探索物质起源可能是一个正确的方向，甚至意味着科学的出路就在这一崭新的领域？人类一旦掌握了这种技术，是否意味着我们将可以源源不断地从宇宙时空中提取能量创造物质和能源，并且可以通过凝聚态物理模拟宇宙的创生过程？

　　每一种天体都有一个质量极限，在极限内不能获得足够引力挤压某种特定对应的质能，突破极限才能发生相变。其中钱德拉极限可以克服电子简并力，奥本海默极限克服中子简并力，X 极限（未知）克服磁单极简并力。三种简并力中磁单极简并力是最弱的，为什么要克服这种力反而需要宇宙中最强大的力量在大反弹（大爆炸）事件才能实现呢？在克服各种简并力的事件中天体的引力是关键还是温度的作用力更大呢？我们知道，在恒星核聚变引起塌缩的事件中，无论是克服电子简并力还是中子简并力，物质仅仅是实现了质量的量变——由轻元素合并成重元素，但是克服磁单极简并力使熵演变成物质粒子，是一种巨大的质变，两者不可同日而语。这正象尽管空气之间的排斥力很弱，地球的引力非常巨大却不能使空气固结成固体而仅仅需要把温度下降空气即可以轻松转化为固体一样，在相变的过程中温度的作用可能比引力的作用更重要。时空收缩到某个小尺度后，不论是大爆炸还是大反弹，得到的引力势都是巨大的，但是两种模型的

温度却非常不一样，相比较之下，大反弹的超低温似乎比大
爆炸的超高温更适合熵这种无用能相变为物质。

纵观整个宇宙历史，引力与排斥力的相互作用促使时空
在膨胀相与收缩相两种状态之间不断转化，可以得出如下表
格：

结构状态	物质态	质量极限	引力与排斥力/时空结构
恒星	氢、氦	太阳标准质量	引力足以挤压轻物质/可通过收缩产生热辐射
白矮星	碳、铁	钱德拉极限	引力不足以挤压铁/不可通过收缩产生热辐射
中子星	中子	奥本海默极限	引力不足以挤压中子/可通过吸积收缩产生热辐射
第一相变跳转面			引力足以挤压任何物质相变为暗能量/不产生热辐射/收缩转化为膨胀
恒星/星系黑洞/上述天体辐射转化为熵			引力不足以挤压暗能量，面积不能收缩只能膨胀
宇宙黑洞	暗能量/熵转化为辐射		真空能使时空收缩/暗能量转化为暗物质/收缩相
第二相变跳转面	X 极限		引力足以挤压暗物质/暗能量相变出物质/膨胀相

如果恒星黑洞、星系黑洞是无毛的——不欢迎物质粒子
的存在，为什么我们的宇宙黑洞允许物质的存在，并且允许
星系在其中演化数百亿年，宇宙黑洞与其它黑洞存在区别的
机制是什么？我可以想到的至少有一方面，那就是恒星黑洞
星系黑洞存在外部空间，两者产生的能量熵和信息熵总是向
外辐射的，因此即使这两种黑洞消失了，它们的能量和信息
都不会丢失而是在宇宙时空的某个遥远的地方传播，这一点
黑洞与普通物质没有区别，但是宇宙黑洞没有外部空间，它
的视界是否能够完全束缚着所有的熵不会丢失在宇宙以外？
宇宙的能量守恒在于能量熵可以转化为物质，信息熵却会在

收缩的过程中转化为温度并且在大反弹时毁灭。大反弹事件之后宇宙黑洞实际上已经转化为白洞，而允许物质的存在正是白洞与黑洞之间根本的差别？如果是这样，那么白洞仅仅只能在大反弹一瞬间存在过，这一事件正是把能量转化为物质的过程，而黑洞刚好相反，是把物质转化为能量的漫长过程，除此之外，白洞与黑洞的所有性质都完全一样（但符号相反），我们似乎必须承认这一点，才能利用黑洞理论讨论白洞的行为，并且得到与我们观测到的真实的宇宙情况非常一致的结果。如果我们宇宙的历史实际上是黑洞与白洞相互转化的过程，将意味着人类经历两千多年的知识积累，由西方的爱因斯坦、霍金等科学家运用数学的方法诠释了东方古老文明的太极双鱼图？这样一场东西方文化的碰撞是否再一次印证"科学的问题归根结底是哲学的问题"。

"熵"是一个为大众所熟悉并接受的热力学概念，利用这个简单概念我们基本弄清楚了宇宙内所有简单的、复杂的行为和现象，解决了包括时间与空间的本质，时空的膨胀机制，宇宙学常数的状态，微波背景各向同性，哈勃视场红移和哈勃常数偏差，暗物质暗能量的本质，能量与物质的相互转化，引力的起源以及五种自然力之间的辩证关系，宇宙的演化历史等相关难题。我相信"熵理论"是目前最简洁优雅且涵盖范围最广的理论。在我们的三维宇宙内包含了一维和二维，这些维度都可以轻易地被我们所观察，并且三个维度之间在空间大小上并不存在区别，同样相当于整个宇宙的尺度，仅仅是表达的空间方向不同而已，因此弦理论认为"高维空间被卷曲成很小很小因此不能被我们观察到"这样的理由并不能让我们信服。

　　一旦证明熵理论是正确的，则意味着弦理论、暴胀理论以及多重宇宙模型可能都是不必要的，并且需要对宇宙学标准模型进行大幅度修改。如果你还要追溯为什么会存在一个这样的宇宙，究竟是先有熵还是先有物质，是先存在黑洞还是白洞，我无法回答，我们只能认为宇宙是一种永恒的实在，而今天我们生存的宇宙可能已经存在比 138 亿年更久远的时间和拥有比我们看到的更广阔的空间。

六、我们的宇宙在加速膨胀还是在减速

自哈勃-勒梅特定律提出以来，宇宙正在膨胀的观点为越来越多的人所接受，我非常同意这个观点。因为毫无疑问，熵的增加以及暗物质逐步解体成为暗能量，再逐渐稀释为微波背景的过程，必定使时空面积增加引起视觉上的膨胀，因此宇宙自138亿年前诞生以来一直处于膨胀状态，可以预见在以后一个相当长的时间内这种状态仍然保持，并且种种迹象表明，如果时空膨胀速度正在加快，最大的可能性是暗物质正在加速降解为暗能量。可以这样说，宇宙的历史要么膨胀要么收缩，一直处于动态变化中。它的膨胀历史也可以看作是白洞转化为黑洞的过程或者紧凑的物质转化为弥散的空间的过程，质量转化为冷暗能量的过程，引力转化为排斥力的过程，高曲率时空转化为平直时空的过程以及熵增的过程。

国际上很多科学团队都在利用各种各样的手段研究这个课题，人们透过观测遥远超新星发现了宇宙正在加速膨胀。一般认为暗能量是驱动时空膨胀的动力，这种能量子具有一个奇怪的特性，无论空间怎样扩张都会产生相对的量填补增加的空缺，以保持它的密度总是恒定不变。实际上大部分的学者以及普通人都把时空加速膨胀的原因理解为是因为排斥力加大了战胜了引力而引起的，这是一个误解。本质上不管时空膨胀的速度是多少，排斥力的大小都没有改变，暗能量贡献的排斥力永远保持为一个很小的定值，时空膨胀的速度快或者慢只取决于暗能量子增加的数量多或者少，即熵增总量的变化而非力量强度的变化，因此如果我们把宇宙常数 Λ 理解为排斥力，则这个常数是一个不变量——恒等为 $6.561 \times 10^{-40 \cdot a \cdot 50}$——这就是为什么宇宙学常数不是严格为 0 的缘故，尽管熵已经是构成万物的最小单元，仍然具有某个值。

　　根据我在第一章中建议修改的场方程组第二式 $R\mu\nu - 1/2Rg\mu\nu = \Lambda g\mu\nu$，由于背景时空的曲率取决于熵值（暗能量），则我们的宇宙自始至终保持近似 0 曲率的平直性。一个如此微小的排斥力不可能阻止天体之间的引力作用，因此只有在两个结构之间距离足够远，彼此之间引力相互作用很弱的情况下才能看到空间膨胀引起的哈勃红移。如果结构之间的距离在引力作用范围内，排斥力将不能影响它们的运动轨迹，因此你很难看到时空膨胀的效应。例如银河系、太阳系内各个天体之间的空间也在不间断地增加熵，但是这些熵并不能使系统解体，而是一步步散逸到系统以外的星际空间汇入到整个宇宙时空中成为微波背景的一分子——任意一点产生的熵对整个宇宙膨胀作出的贡献都是平权的，这正是整个时空永远可以同步膨胀的原因，但是膨胀的空间并不能阻止银河系和仙女座星系靠近合并这样的事件不断发生。这个结论表明宇宙从诞生开始大量星系之间就已经存在足够远的距离，那么也可能暗示空间不可能由一个极小尺度的奇点作为开端，否则按照弗里德曼方程组显示的那样宇宙在大爆炸发生的一瞬间将因为引力太大彼此间距离太小而重新引起引力塌缩。如果这个结论是正确的，将结束大爆炸与大反弹理论之争。早期某些物质密度巨大的星系经过漫长岁月的演化将有大量物质转化为熵从而使星系变得均匀松散。随着熵的增加，缺少引力约束的结构持续相互远离，空洞将不断生长扩大。

科学家根据哈勃定律，天体的红移量与距离成正比，越是遥远的星系其红移量越大，所有的星云都在互相远离，因此预测在无穷远的空间可能正在以超越光速的速度膨胀。对于宇宙空间目前已经膨胀到多大尺度，科学界仍有很大争议。按照古斯的理论推测，自从宇宙在138亿年前起源于一场大爆炸以后，宇宙的半径已经膨胀到比我们能够观测的实际半径大得多的尺度，目前至少已经达到480亿光年，甚至有人认为它的实际尺寸可能要比我们观测到的大100亿亿倍。

对时空加速膨胀的研究已经为一些学者带来了例如诺贝尔奖之类的荣誉，这个结论似乎已成定论。因此我们在这里提出一些不同的主张，需要冒天下之大不韪，这种勇气可能不亚于当年哥白尼布鲁诺提出日心说带来的风险，尤其是在"人肉"网络威力如此强大的年代，希望读者以平常心和本着科学探索的包容性来看待我的建议。

我们同意宇宙正在膨胀，并且膨胀的原因与暗能量存在必然联系，但是我们有三点不同的意见。其一从整个宇宙的历史发展看现在膨胀的速度可能不是在加速而是已经下降。其二相对于中段曾经减慢膨胀的某个时间节点（例如大反弹

后 30-60 亿年）现在处于加速。其三并不是因为空间膨胀了，
所以暗能量从虚无中生成填补了膨胀造成的空缺，相反由于
暗能量增加了引起空间扩张。熵等价于空间，这可以解释为
什么空间中暗能量的密度总是保持不变。根据熵-面积公式
$S=(Akc^3)/(4\hbar G)$，每增加一份熵就会增加"四分之一"空间，
表明宇宙时空是由一片片的时空片段逐步拼贴扩大构成的，
如果我们把自己的身体缩小到 10^{-50} 尺度（这个尺度远远小于
普朗克尺度），将会看到时空由一个个称为熵的暗能量子绵
绵密密地排列在一起构成，但是由于熵之间是相互排斥的，
因此它们之间是自由的必定存在边界，时空事实上是量子化
的而不是连续的，暗能量（熵）增加是"因"，时空膨胀是
"果"。如今相对于广袤的宇宙空间，熵增的速度是极其缓
慢的，这就是在有限范围内我们无法感知时空膨胀的原因。
只有达到一定的距离——代表足够长时间的过去与当下相比，
我们才能觉察到空间尺度明显的改变——世间万物发生明确
的变化往往不是基于距离而是时间。由于我们确立了黑洞膜
大反弹宇宙模型，时空膨胀只能在光速范围内展开，那么我
们利用物理原理探测到的时空大小将是宇宙的真实尺度，而
这个范围可能随着人类观测技术的进步有所扩大。同时，时
空的膨胀速度远远小于光速，那样类似于 138 亿光年这样的
表达只能代表距离而不能代表存在的时间，尽管遥远的星光
可能需要花 138 亿年奔跑才能进入我们的视野，却并不代表

那里的天体只存在 138 亿年，而是可能更久。这个结论允许宇宙中存在超过这个时间尺度的更古老物质。

　　这样我们可以尝试回答两个有趣的问题。第一个是宇宙以外是否存在空间。一般人认为，如果宇宙以外没有空间，无法解释我们的宇宙处于膨胀之中，现在我们确定空间的本质是熵，表明即使是我们的宇宙，也没有预设的空间存在，新的熵出现了才产生出新的空间，熵通过霍金辐射转化为热能，空间尺度就会收缩，那么当时空收缩到终极时，将会变成一个密度无穷大，温度无限高，没有体积的奇点，可以说没有熵就没有空间因此也没有所谓的宇宙以外。如果宇宙存在"以外"的空间就表明那里存在熵，我们将会问熵从何来？如果宇宙以外还存在一个更大的宇宙，解释这个更大宇宙的起源与解释我们宇宙的起源没有区别。第二个问题被称为"奥伯斯佯谬"，是关于宇宙背景为什么总是一片漆黑的。目前对于这个问题的解释是这样的——由于我们的宇宙是一个不断膨胀的时空，并且膨胀速度超越了光速，所以遥远的星光永远无法进入我们的视野。这种解释我认为是错误的。即使我们的宇宙是一个稳恒态的时空，星光也不可能照耀整个夜空。我们知道我们之所以能够看到光基于两个原因，首先是物体吸收或释放了能量发出热辐射，其次是由于物体对光产生反射（折射等）进入我们的视线。我们知道熵是一种无用能，既不吸收能量也不辐射电磁波，因此空间无法被加热，也没有办法帮助光线或电磁波反射到我们眼里。恒星热核聚变等宇宙行为产生的热辐射不但不能把熵加热，相反在传播的过程中这些热辐射反而很快就失去热能，其密度（以恒星太阳为例）也迅速由每立方 1.4 吨疏散为每立方不足一个原子，使背景空间面积扩大，发光发热的太阳能转化为完美的黑体辐射——熵。我们可以借助银河系的现象帮助读者更深刻理解这个结论。如果说由于整个宇宙处于膨胀状态造成远处的光不能到达地球所以无法照亮夜空，那么这种情况无法解决我们所观测到的银河系实况。我们知道银河系直径只有约 10 万光年，而银河系已经存在超过 128 亿年，并且整个银河系空间并没有因为时空膨胀引起天体之间相互远离，理论上整个银河系已经沐浴在星光之中，但是我们观测银河系可以看到星际空间同样是黑暗的，暗能量充斥了整个真空场，而暗能量无法对光、电、热辐射产生足够让我们看到的亮度和温度，因此只要存在熵，空间就会是黑暗的。对于地球生物而言太空是由这些无用能构成的是一件非常值得庆幸的事情。熵具有既不能传导光也不能传导热并且极度低温的特质似乎是一种恰到好处的设计，这些"废料"既保护了我们不会受到恒星过量热辐射的伤害，同时可以有效地利用太阳能使生命得以在宇宙中存在，否则太阳耀斑这样的事件产生的 2000 万度高热将会瞬间把地球一切摧毁，从这个意义来说，熵是我们的守护神，所以请不要用我们暂时的知识体系去判断一切所见，熵对于生命、对于宇宙的循环而言正在扮演一种我们至今仍然未清楚的至关重要的角色。暗物质正是由这种高密度的无用熵构成的，毫无疑问也不能发光发热也无法对电磁波产生反应，而根据薇拉-鲁宾模型显示太阳系正沿着银河系外围某个暗物质隧道绕银心公转，显然地球被包围在一个厚重的暗物质晕中，而且这个暗物质晕的质量大约为太阳系质量的 5-10 倍，因此失去阳光照射的时刻我们只能看到黑暗，与宇宙的年龄以及是否处于膨胀相无关，即使在一个完全静止的稳恒态时空中，有限的光线也不可能照亮由暗能量暗物质构成的无尽空间。

尽管实际上我们每时每刻都沐浴在成团的暗物质墙里，只是人类无法觉察并且目前的技术无法探测到，但是太阳系正利用这个暗物质晕以超越牛顿-开普勒定律赋予的物理速度以每秒 250 千米的高速移动，自然界中质量越大的物体越感受到暗物质营造的弯曲时空，并借此获得超越标准模型的高速度，在未来某个时刻若人类掌握这种技术，或许可以利用暗物质隧道实现某种飞行梦想。

在宇宙大反弹一瞬间正是形成冷暗物质的最强烈阶段（熵增速度最大——宇宙的整个历史中，大反弹或者大爆炸显然是唯一一次在瞬间产生最多熵的事件，其余单位时间内所有宇宙行为产生熵的效率都不可能超越这一事件，因此如果大反弹瞬间空间的膨胀速度不能超越光速，那么整个宇宙历史上都不可能发生超越光速的膨胀），这一事件可能创造出占宇宙总质量95%的暗物质暗能量和5%的普通物质粒子。由于我们的婴儿宇宙是一个低温凝聚态的时空，其相变发生大反弹时的温度要远远低于微波背景 2.7K 的温度，同时从大反弹到 38 万年前整个早期时空既没有自由光子，物质基本粒子也未构成发光的恒星，因此这一时期宇宙的信息被掩盖的微波背景之下不被观测到，时空必定存在一个极度低温并且完全漆黑的事件视界。一个极度低温的初始化时空其膨胀速度将比热大爆炸模型更快下降到一个低水平。一方面随着大反弹（大爆炸）动量转化为时空绝热膨胀的动力被消耗掉，另一方面大反弹后直到某个很长时间内整个宇宙还没有发生恒星热核聚变，时空中可认为没有新增的"熵"，同时由于缺乏热事件大反弹中产生的暗物质团仍然未进入解体成为暗能量或微波背景辐射阶段，造成暴胀结束后一个时期内时空几乎停止了膨胀，因此物质得以在暗物质团引力作用下形成星系星云等大结构。但是据观察发现，大约在宇宙诞生后约 30-60 亿年期间，已经放缓的时空突然加快了膨胀速度。我们相信这一事件必定与时空中大量超大质量恒星的形成、类星体、黑洞合并、星系合并等现象具有正比例关系，同时处于叠加态的暗物质开始进入解体成暗能量融入微波背景的活跃期。这些重大事件无不造成物质元转化为能量元，使时空总是在急剧增加熵，而宇宙膨胀的速率完全由熵增的速度决定。根据质能方程可以估算出这个阶段转化为能量的物质总量，通过引力透镜可以测量暗物质转化为暗能量的总量，我们可以用于对照时空膨胀的速度与后果，并且按照这样的公式可以推算出现在整个宇宙中质能转化的效率以确定是在加速膨胀还是已经转为减缓。如果我们的时空从 60 亿年前加速膨胀后若干年开始减速，可能表明我们的宇宙正处于"主序"阶段，这样，在此后不到 100 亿年内膨胀速度必定减慢到非常低水平，并且逐步停止，如果证实我们的时空仍然处于加速膨胀状态，说明我们的宇宙仍然很年轻，这取决于大反弹时物质占宇宙总质量的比例以及到现在的数值下降了多少，现存的气体形成恒星热核聚变还能够维持多少年以及所有暗能量团疏散成微波背景需要多久，这些数据都可以通过测量宇宙深空的物质构成比例的变化曲线以及通过凝聚态物理模拟得到。随着时空扩展到越来越大的范围，宇宙前后两个历史时期恒星形成的方式也发生了很大改变，由于早期宇宙时空尺度较小，星云密度更大，通过引力塌缩形成大质量恒星的几率更高，由于经历了大反弹后 30 到 60 亿年期间大量第一代恒星爆发为后期星云加快收缩形成第二代恒星提供了丰富的重金属，从这一阶段开始形成的恒星更多地经由金属核吸积形成，这些宇宙尘埃在星云低温环境中迅速聚合成球核吸积气体塌缩成为恒星，表明从那时候开始宇宙热事件频率得到提高，熵增速度加快，时空膨胀获得提速。如果这个结论是正确的，似乎暗示整个宇宙存在某种系统性协同演化的特征——宇宙处于盛年期（育成第二代恒星的高峰期），银河系处于盛年期（旋涡星系），太阳系处于盛年期（主序星），地球处于盛年期（现代板块运动），生命进化处于盛年期（智慧生物）。显示在近现代 60 亿光年时空中

出现类太阳系的几率最大，在近现代 25 亿光年范围内发现
生命的几率最大。由于我们统一了暗能量和暗物质，可能暗
示宇宙诞生时普通物质的比例高于现代，而很大一部分已通
过热核聚变转化为暗能量，时空膨胀速度已经今不如昔。目
前宇宙正处于主序阶段，在往后一个很长时期内时空的膨胀
将近似线性变化。

　　在一个相对封闭的系统内，两个相隔一定距离的物体以
相同的速度前进，你不能准确判断两者是在作匀速直线运动
还是处于静止状态；当两者之间的距离被拉开时，既可以看
作是前方的物体在作匀加速直线运动，也可以看作是后方的
物体在作匀减速直线运动，两者是完全等价的，这主要取决
于哪一个是初速度哪一个是末速度。在这样一个相对性体系
中我们需要确定哪一个是参考系哪一个是运动矢量，如果后
方的物体是静止的，我们将看到前方的物体在不断作匀加速
直线运动，相反，如果前方的物体是静止的，我们将看到后
方的物体在作匀减速直线运动。基于我们观测宇宙深空，距
离我们越远的区间代表越早期的宇宙，当那里的光线到达我
们这里时其时间跨度越大，因此越远的地方代表越接近大反
弹的起点，我们可以把那一个始点看作是初速度为 0。根据
时间反演原则，代表着越到后来越接近现在，因此，"现在"
代表着运动物体矢量方向的末速度，当末速度越慢时，时空
膨胀速度越慢。换言之宇宙早期的确比现在膨胀得要快，表
明哈勃定律是正确的，那么在极遥远的宇宙深空靠近大反弹

始点处，的确可能存在一个超越光速的事件视界，在那个视界内曾经发生过一次极其短暂的暴胀，由于那一刻时空膨胀速度远远大于光速，我们将永远无法观察。在经历了大反弹初期超越光速的暴胀后，时空的膨胀速度已经越来越慢，因此我们通过观测深空发现距离我们越远的星系红移量越大，反之越靠近现在红移越小。相对于早期，现在空间已经膨胀得足够大，这使得物质转化为暗能量的速率越来越低，时空膨胀也越来越困难。

我们宇宙的确存在一个大爆炸（或大反弹）的起点，那么 138 亿光年处的原点可以看作是时间以及空间膨胀的起点，这样我们在银河系作为一名观察者将处于一个末速度的时标。当我们站在大爆炸（大反弹）始点处观测则有这样一个结论——我们把银河系视作一个物体，上帝之手在始点处把银河系向上投出，我们将会看到银河系运动状态，初始速度很快，但是速度随时间越来越慢。正如我们站在地球的地面向上抛出一个物体，我们是静止的，运动的是被抛出的物体——科学界以相同的观测结果之所以得出相反结论，是因为我们现在错误地把被抛出的物体看作静止，相反把地球看作逐步远离的运动状态造成的。这与大爆炸始点是引力源而非我们的银河系一样。一个正确的观点应该是银河系相对于大爆炸作视向运动而非大爆炸起点相对于银河系运动。如果我们站在银河系把大爆炸时区抛出，的确大爆炸起点处正在挣脱银河系的引力约束加速离去，而实际情况刚好相反，上帝之手在大爆炸起始点把银河系抛出，银河系受到黑洞负熵增速减少影响正在缓慢减速。根据科学家观测所得，大反弹初始化时期暗物质占宇宙总质量超过现阶段，而演变到今天已经下降到大约为 23.5%，表明可能已经大量转化为暗能量，而经历 138 亿年热核聚变后普通物质的总量肯定比大反弹初期极大减少，毫无疑问时空中熵增速度必定已经减慢，我相信宇宙的膨胀速率已经在数十亿年前越过了最大值，正在以近似线性的速度下降，并且可能在数个百亿年内停止膨胀。除了上述理论以及数据的支持外，另外一些观测结果让我们坚信这个结论。人类观测宇宙深场，在靠近我们数十亿光年范围内，已经绝少发现类星体了，表明宇宙中大事件发生的概率已经大幅度下降。另外一个不争的事实是，空间越大，星系之间的距离越大，它们相互碰撞合并的机会将减少，例如根据科学家推测，本星系中两个最大的星系——银河系和仙女座星系可能汇聚合并的时间跨度达数十亿年，而本星系与其它大星系至今没有发现可能碰撞的机会，表明时空的活跃程度已经下降到很低水平，目前宇宙熵最大的来源主要是恒星热辐射和黑洞喷流以及暗物质的降解。但是由一个膨胀相转化为收缩相直到坍缩可能需要一个比热宇宙更长的时间，这可能暗示我们现代的宇宙仍然处于血气方刚的中年时期，至少还有数百亿年处于膨胀相。

我们认同目前的观测结果，但是我们必须明确，时空膨胀速度的变化只针对时间轴（时间纵向加快或减慢，即针对过去、现在、未来存在哈勃变量）。大部分人认为由于宇宙在加速膨胀，根据哈勃定律，到达一定距离后遥远星系的退行速度将超过光速，那么那些光永远不可能到达地球，宇宙的实际尺度将远远大于可观测范围，这是一个巨大的误解。所谓远处的光并非指现今距离我们遥远的星系而是指早期的星系，由于星系结构在宇宙全域是随机均匀分布的，这些结构产生熵的速度以及全宇宙所有暗物质稀释为暗能量到微波波段的速度是非常接近的，在宇宙历史的任意时刻，时空全域的膨胀速度具有各向同性，即空间横向遵守宇宙学原理近似匀速，时空中任意一点与其它区域膨胀速度相似，换言之不论是距离我们 10 亿光年外还是距离我们 138 亿光年外的天体与我们银河系所处空间的膨胀速度一致，同一时间内空间各向不存在哈勃常数。在你遥望星空的每一时刻，宇宙全域所有的观测者将看到一样的结果，他们将看不到一亿光年范围内邻近的星系离开观测者，而他们看到我们的银河系却随时空膨胀加速离开他们而他们可能也以为银河系正在以超越光速的速度离开他们，实际上除了大反弹时由于瞬间释放出大量熵可能引起一个指数式膨胀外，整个宇宙历史各向释放的熵都是平缓有限的，这使得时空的膨胀舒缓而均衡有序，这种恒星级数的排斥力不可能出现超越光速的现象发生，因此时空膨胀并不影响星云等结构的相对行为，时空中任意一个空区都允许星云以任意方式和运动方向碰撞合并，正如即使在河水暴涨的时候仍然可以看到水面大量漂浮物相互碰撞一样，一旦这些漂浮物在某种特定的机遇下相遇即可堆积形成巨型的结构，这正是我们的星系以及黑洞得以不断壮大的原因，当然也就不难解释出现长城或巨大的星弧这种独特的天象了，如果按照目前科学界的观点，时空从大爆炸暴胀开始到现在一直处于线性的膨胀中，星云之间的空间必定随时间扩大，又何来我们目前观测到的旋涡星系和椭圆星系呢，又何来我们观察到的近700亿上1000亿倍太阳质量的巨型黑洞、巨大类星体的存在呢。而如果认为最遥远的星光来自138亿年前的第一代恒星，并且微波背景辐射来自大反弹（大爆炸）之后38万年的极早期时空，这将表明即使从时间轴上我们也几乎看到了宇宙的全域，那么宇宙内更不存在超越光速或大于可观测宇宙以外的时空了。据此我们认为不论从空间的横向看还是从时间的纵向理解，都不存在超越光速的退行现象，所谓"可观测以外的空间"只是受制于人类的观测技术而已。随着新科技的出现，我们可能看到比今天所了解的更遥远或更古老的时空。

纵观整个宇宙历史，随着熵的变化时空的膨胀速度必定经历快-慢-快-慢-停-（收缩）的过程，不会象哈勃常数描述的那样呈现一条漂亮的线性而是存在起伏变化的曲线，严格意义来说既不存在一个稳定不变的宇宙学常数也不存在一个稳定不变的哈勃常数，我们宇宙时空随熵起舞。根据爱因斯坦宇宙场方程，局域时空的弯曲程度取决于质量、能量与动量分布的状态，星系之间是相互远离还是靠近合并，视乎它们之间的运动轨迹、质量（引力）与相对距离。

七、穿越时空

穿越时空意味着需要同时穿越空间和时间，首先我们一起讨论何谓时间。我们看到的世间万物无一不是看到它的过去，例如当你看到一千米外某个物体时，你看到的是该物体三十万分之一秒前的状态，即使你只是欣赏你自己的纤纤玉手，那也是亿分之一秒前的美丽，因为只有当光把影像反射到你的眼睛时，你才算看到，但是光的运动需要时间，可以说我们没有一个明确定义的"现在"，时间的本质是"过去"，基于时空的不可分割性，信息和空间必定具有相同的特质。在一个具有现在、过去、未来的时间轴上，现在正是过去和未来的交点，在这个交点上你不能明确区分现在、过去或未来，"现在"一旦出现时已经同时变成了"过去"，并且与下一刻的"未来"等价。距离这个交点越远越具有明确的时间定义，例如当你使用"刚才"或"将要"这样的表达时，代表你传达了过去或未来的信息。由于物体在空间的运动是一条不可重现的世界线（关于这一点我们在下文将讨论到），当时间和信息一旦出现时，作为"过去"的时空状态即已经"灰化"不复存在。因此我们可以这样理解——时间、空间、信息都是描述过去的，三维实体世界在呈现的一瞬间已经降维成二维的镜像，并且传播到远处，同时增加了宇宙的熵。从这个意义上来说，世上的每一个人无时无刻不在为宇宙的膨胀贡献一份力。人类的眼睛对光明与黑暗的变化非常敏感，并且人类设计了某些计时工具使得时间的变化显得特别明显，但是这仅仅是人们的一种错觉而已，时间、空间和信息的灰化速度总是一致的，并不存在差异。例如森林里一株倒伏的树木，在自然力的作用下可能需要数十年才彻底灰化，那么它的空间、时间和信息无一不是由数十年的量子化过程逐渐累积的集合。如果你紧紧地盯着它，你只能感觉到时间在一分一秒地流逝，却看不到树木轻微的改变，你需要经过数十年时间再去观察它时，才能发现这一切的改变具有同步性。另外一个速度稍快的例子是当你观察阳光下冰雪的消融，你将感受到时间、空间与信息的变化。一个极端的例子是当你观察活跃或高温的气体时，你感受到的是瞬息万变的时间、空间和信息，几个因子之间的互动和变化速率是完全一致的。

在一维的方向上，时间、空间和信息具有等效性和不可分割，三者都具有相同的价值——从大反弹开始永续向前，从不停留，直到下一次大反弹时终结。这样要求我们允许牛顿绝对时空观的存在，尽管这个观念与当年牛顿提出时有所不同，这个时空不是稳定不变的，但是必定自始至终贯穿整个宇宙历史——不论在膨胀相还是收缩相。

如果我们沿着一个方向以超越光的速度旅行，我们将会遇到怎样的奇遇？

如果我们的时空中存在一个虫洞，或者我们可以利用量子纠缠技术，是否意味着我们就能够实现时空旅行了。不管是科幻小说家还是科学家，也包括霍金在撰写《时间简史》和《果壳中的宇宙》两本书时的观点，人们总是充满憧憬，小说家发明"瞬间转移"这样一个极具吸引力的专属名词，给了我们非常多的遐想。

据科学家观测发现，我们的时空中的确存在某些曲率很高的区域，尤其是在中子星，黑洞周围。我们通过观测两个中子星的碰撞，可以得出结论，这是两个刚体的相互撞击，并且产生出黄金、铂金、大质量放射性元素等重金属，形成一个行星盘以非常高的速度向宇宙空间喷射，这样的结果似乎暗示，即使两个质量很大密度很高的中子星共同作用于一个狭小的空间仍然无法营造出一个虫洞，唯一能够制造出虫洞的可能只剩下两个黑洞合并的一瞬间。基于黑洞巨大的引力可以使时空弯曲形成一个很深的引力井，当两个黑洞相互靠近时，两个引力井之间可能诱导出一个虫洞，两个黑洞之间的能量与信息将通过这个虫洞相互交换融合成一个更大的黑洞。如果我们的宇宙只有在这种独特的环境中才能出现虫洞，那么我们企图经由虫洞实现穿越时空的梦想将会破灭，因为我们在上文已经证明了，黑洞不欢迎实粒子通过。如果黑洞是由暗能量构成，那么暗能量子的大小将达到一个普朗克尺度，这样构成我们身体的物质粒子在这样的小尺度面前将变得象巨兽一样庞大。正如我们人类的身体无法钻进蚁穴一样，体型巨大的基本粒子同样无法穿越由暗能量构成的黑洞界面，因此将被破碎成高能辐射逃逸到宇宙边界。黑洞视界存在喷流这一事实表明，当物体穿越黑洞时必定有部分质量转化为辐射，那么即使我们能够穿越虫洞，穿越后的我们也是短斤缺两的，将无法重组我们的身体。另外即使构成你身体的物质粒子能够穿越，关于你的历史信息将永远保留在黑洞视界以外的宇宙时空，一个重组的你将是没有过去没有记忆的。另外一些似乎比较接地气的想法是制造反物质推进器帮助我们达到光速旅行。我个人认为这也是科学家的一厢情愿而已，即使助推器功率达到期望值，我们也没用办法制造出可以承受光速飞行的材料——相对论认为当飞行器以光速运动时，推力需要接近无穷大。一旦达到光速，飞行器将演变成粒子流，不但飞行器将化为光子，里面的乘客及所有一切也同时化作一道金光。这正是旧小说中用于描述仙人出行的标配。有极个别学者认为可以利用曲速运动使时空人为地发生扭曲以获得超越光速的旅行，据说这个超前的想法来自于冲浪运动。持有这种想法的学者忽略了一个最重要的事实，冲浪者从巨浪中获得加速度的能量还不到千万分之一，巨浪的动量转化为冲浪者前进的动力效率低至几乎忽略不计，即使是黑洞这样的能量也只能把物质加速到亚光速，如果我们的飞行器需要获得超越光速的动量，我们构建曲速所需要的能量将达到宇宙大爆炸产生的动量一样大，大爆炸产生的能量只维持了一瞬间，而支撑曲速运动却必须持续保持这样的动量，这已经超出了神的能力。

霍金根据爱因斯坦相对论得出一个结论，认为宇宙是有限无边界的时空结构。不论宇宙是否存在边界，人们直观地认为只要我们沿着一个方向前进，我们最终必定能够回到原点。如果我们的宇宙是一个稳恒态的时空，这样的结论可能是正确的，因为在一个稳定不变的时空里——例如我们的地球，沿着一个正确的方向移动，你的世界线将会是一个闭合的圆，因此你可以最终回到起点，但是我们似乎忽略了一个现实问题，我们的宇宙是一个正在膨胀的运动变化着的时空，我们的世界线将变成一个开放的圆——螺旋线。假定我们的宇宙时空存在一个可视的坐标，那么我们将会发现，从宇宙诞生以来，我们的地球、我们的太阳系、我们的银河系，所有星系在空间中划过的轨迹实际上从来没有在同一坐标重复出现过。怎样才能理解这样的一种描述呢，当我们绕太阳公转一周时，相对于其它行星将发生汇聚和分离，当我们重新汇合时，我们认为地球到达了上一个公转周期曾经到达过的相同位置，但是实际上并非如此，因为，太阳系在银河系的位置已经改变了。当我们的银河系绕本星系公转时，本星系同时也在绕更大的空间公转，如此类推，因此我们在空间的运动轨迹是在宇宙时空中随时间不断更新的，当上一瞬间世界线的半径为 N 时，下一刻它的世界线已经膨胀到大于 N 或收缩到小于 N。基于这样一个理由，即使我们沿着一个确定的方向在有限有边界的宇宙中移动，我们的世界线仍然无法闭合。你可以想象一下，当你沿着一个具有原点，开口向上并且半径不断扩大的螺旋运动时的情景，这样的一个螺旋线就像一个时间光锥，在任意一点你都无法重复出现，因此即使你沿着某个确定的方向一直以超越光速的速度前进，完成一周后你仍然不可能回到起点。

我们通过探测器观测宇宙深空，看到来自过去 138 亿年前的光线，其实仅仅只是一种错觉，因为当你以上帝之足一步跨越空间，到达 138 亿光年处时，你看到的已经是它的现在，你永远无法看到它的过去，更不可能看到它的未来，假使你以光速飞行，那些在地球上看到的来自 138 亿光年以外的光线在你的旅途中将不断遇到，但是当你抵达 138 亿光年处时，你将发现那些光已经永远消失在你身后，这时候你回头看你的来路时，你将会发现，你只能知道银河系现在的现在，而非 138 亿年后的现在。

为了帮助读者更好地理解穿越时空的实际效果，我们可以利用孪生兄弟的例子再进一步说明。假设你利用两种不同技术穿越时空。

第一种方法，利用光速穿梭机。在你们 30 岁生日那天，你的兄弟正常开车上班，你坐上穿梭机以光速出发到 30 光年处的 B 地球，你回过头来看地球，你将看到你的兄弟永远在开车上班的路上，就好像在看一部定格的电影，对于地球你正在穿越未来。一直到达 B 地球后，你停留下来，这时候你兄弟的车开始移动，以后你将看到你兄弟 30 岁以后的人生，你将认为自己在 B 地球上和他同时老去。我们可以认为当你以光速在时空中旅行时，一路上你都在穿越其他星球的过去以及地球的将来。

　　如果你没有在 B 地球上停留而是马上返回，你在回来的路上可以一直关注你的兄弟一举一动，但是就算他犯了错误，你仍然无法通知他，所以他的错误无法避免，直到 30 年后你才能回到地球，你的兄弟已经 60 岁，你可能仍然年轻或比他年轻。尽管在路上你发出了电报告诉他做了错误的投资，但是，这份电报一直到你回到地球上他才收到，一切都无法挽回。在你整个穿越的过程中，你可能并不感到时间的流逝，但是毫无疑问，当你回到地球，已经到达了的未来，当年的朋友都已经老去。

　　第二种方法，你利用虫洞实现了瞬间转移，在他上班路上，你一瞬间到了 30 光年外的 B 地球，这时候你回过头来看，你将看不到他上班的情景，而是看到你们一起从妈妈肚子里降生的时候，然后你可以好好地回顾你们 30 年的岁月，但是你无法改变任何事情。因为就算你发现了错误马上瞬间回到地球，你只能遇到正在上班路上的兄弟，而不是婴儿时期的你们。从 0 到 30 岁的光影在你的身后正在远去。假如你不是瞬间到达 30 光年外的 B 地球，而是到了 20 光年处的 C 地球，你看起来回到了过去，你们仍然只有 20 岁，但是你只能收到 10 岁-30 岁的信息，0 到 10 岁的信息永远丢失在身后。如果你瞬间到达了 40 光年处，你的确置身于未来，那时候你们还没有出生，甚至你们的父母相互还没有认识。

如果你想和他们聊天，告诉他们一些你认为有用的消息，将不能帮助到他们，因为这些信息需要花 40 年的时间才能传到地球上，他们仍然需要等到今天才能收到。如果你瞬间回到地球，那么你不是回到 40 年前的地球，而是你和兄弟分手的生日那天，你只不过是出了一趟门遛狗去了而已。

从这个意义上说，只要是曾经在这个世上存在过的每一个人都不会消失，不但不会消失，反而会化身千万，他的信息由光和电磁波携带着，在若干光年外一个球形的任意空间里都能发现他的身影，即使这个人已经死亡，他的一生影像都投影在时空的某个远方，并且随时间持续远离，任何力量都无法将其驱散，因此灵魂以及意识是真实存在并且是科学的。从现在开始，你将不能继续相信你认为你的某些行为永远成为秘密，只要你做过，所有的一切都会毫无保留地在二维膜上留下痕迹——证明上帝是公正的，如果真的存在某个宇宙监察者，他将看到。

尽管当你穿越时空的过程中你可以看到这些影像，却无法相互沟通，你只能通过阅读这些信息了解之前发生的一切，正如你不可能把影视作品中的人物物品据为己有一样。

孪生兄弟的故事仅仅只是一个美好的幻想，实际上却无法实现，因为我们在上文已经讨论过，如果你需要穿越虫洞，首先要穿越黑洞，然后通过虫洞到达另外一个时空。但是黑洞不欢迎实粒子，当你穿越黑洞时只剩下质量、能量和熵，你的时间、空间和信息都丢失在远处，黑洞中的你是无毛的，穿越后将无法重组一个完整的你。

正如处于现在的 138 亿光年 B 站的观察者看我们的银河系，得到的仅仅是 138 亿年前而非现在银河系的影像一样。那时候银河系可能还未存在，一个位于 128 亿光年外小星系上的观察者看我们的银河系，在他的眼里银河系与它们星系在我们眼里的结果一样，都是一个非旋转的小型星系。今天我们的银河系已经有 128 亿岁了，但是我们现在的模样在位于 128 亿光年外的观察者必须要到宇宙诞生 266 亿年的时候才可以知道，如果那里有一个作家，他可以通过你现在发出的微博视频为你写一部传记。不管你处于宇宙何处，你都与最遥远的他相差 138 亿年。

如果我们拥有一双上帝之眼，我们可以同时同步扫视宇宙全域，我们将看到银河系的情景与 138 亿光年外并没有区别，都是处于现在，呈现出一个平直光滑的时空。如果我们拥有一双上帝之足，哪怕我们可以实时到达宇宙任何旮旯，我们也将得到相同的视觉，没有任何区别，这样，即使我们可以超越光速从一个理想的虫洞穿越彼此，我们也只能看到一样的拥有现在的时空实景，我们将不可能穿越时空。我们观察宇宙深空获得的由光子携带的信息是关于远处时空的历史，但是这些信息并不是真实的，仅仅是三维时空在二维膜上留下的投影，宇宙的实时间在这些光线的轨迹上已经变成了虚时间线，当你以光速迎向这些信息时，你将获得每一个量子化的"过去"片段，但是，你永远无法到达它的实体时空，这正如我们可以通过镜像看到关于物体的投影，却无法将镜像转化为实体一样。你越靠近过去、现在、将来的交叉点时，越没有办法把三者区分，当你到达光源"过去"的起点时，你刚好达到该处的"现在"。或许正是基于"现在"与"过去"异常细微的区别，我们的宇宙在二维膜上留下的投影，代表了存在一个真实的镜像世界。身处于今天的我们观测遥远的宇宙深空，可以获得许多历史的图像，例如在100亿光年外科学家发现了三个相互环绕的类星体，这三个类星体距离不超过 15 光年，并且正以极高的速度相互靠近。毫无疑问，到了今天这三个大家伙早已经合并成为某个巨大的星系，这个星系可能是银河系的数倍或更大，并且就在距离我们某个遥远的星空旋转或已经演变成某个年老的椭圆星系，但是我们无法知道它现在的样子，因为我们观察这个巨大的星系现在的情形则需要在 100 亿年后才能接收到信息，光速不变制约了我们的探索效率和时空观，我们永远只能看到过去记住过去，我们永远无法看到"现在"和未来。

"科学的进步往往意味着神话的破灭"，所谓穿越、平行世界只不过是披着"科幻"外衣的现代版神话而已，随着我们对宇宙的认识进一步加深，这些美梦将会幻灭。宇宙学原理为我们的时空设置了一个有趣的结局。我们设想在 138 亿光年外有两组时间之箭（或光子），这两组选手同时出发向我们跑来。它们经过的旅途不同，其中一组一路上穿越了宇宙所有的天体结构，包括恒星、星云、星团、黑洞、类星体、高密度暗物质晕、空洞。根据爱因斯坦弯曲时空理论，这一组选手在不同曲率的时空中穿行走的将是一条曲曲折折的弯路。另外一组选手则非常幸运，一路上走的都是平直时空因此是一条直线，保持匀速。理论上由于光速不变，走的路程不同两组选手到达地球时必然分出胜负，但是事实上这种情况并没有发生。时空有一个机制帮助旅途艰辛的那一组选手可能通过量子纠缠保持和幸运者同步，也可能令这一组选手时而拉伸时而收缩实现自我调整，从而使整体上达到匀速状态，这个远方的星球所发出的所有光或时间信息不论路程有什么差别，只要它们是同时出发的，我们将看到它们同时到达地球。如果一组远处的光总是分出前后进入我们的视野，那么我们将只能看到一个扭曲的宇宙图像，就象在哈哈镜里所看到的那样。尽管在局部时空中存在相对性差异，但是在整个宇宙历史中，相对性时空与绝对时空是等价的，这使得我们的宇宙保持各种守恒性。宇宙学基本原理严格限制了穿越的可能性。我们身处一个动态变化的具有有限时间、空间的循环的黑洞时空，我们将无法回到从前。即使我们获得某种途径到达过去，那也只是虚拟的镜像世界，这相当于梦境一样。不论处于膨胀相还是收缩相，时间、空间、信息将永远向着一维的方向前进从不停下脚步。残酷的现实告诫我们唯一可以做的仅仅是珍惜当下。

在第一部分中虽然我还没有办法给出一套关于宇宙起源量化的成熟的理论，但是希望能够为其他学者带来很多启发，如果能够做到这一点，这本书已经体现了它的价值。

第二部分

人类在宇宙中的位置

　　朋友，你已经多久没有静静地看着白云千变万化了，你已经多久没有留意到蚂蚁忙忙碌碌的生活了，你已经多久没有用手感受石头舒适的温度了？我们身边的一花一石，都蕴藏着亿万年沧海桑田的故事，构成我们身体的每一个原子都拥有数十亿年的历史，我们今天的一切是宇宙百亿年演化的浓缩。从阅读这本书开始，当你走在山川秀色中看到奇峰异境时，当你流连阡陌小巷古旧建筑间，你当停下脚步好好珍惜眼前来之不易的一切，尝试了解它们有着怎样不同凡响的经历，你的人生感悟将和以往不同。

　　我们在第一部分讨论了宇宙的本质，在这样一个生生不息的循环世界里，人类究竟处于一种怎样的位置，我们是稀缺的或者独一无二的宇宙精灵，还是只不过是芸芸众生中一种极其普通的生命，在一个更广袤的时空里是否还有一个大宇宙创造了我们的世间与万物？如果我们的宇宙是唯一的并且是自洽的，人类的出现是必然的还是偶然的？在我们从出现开始的演化路上有何种暗示，帮助我们了解真实的自我？霍金博士曾经提出一个诘问，如果太阳系的存在是由于来自第一代恒星贡献的重金属元素，那么银河系已经足够提供所有的必要条件，这样银河系以外的宇宙似乎没有存在的需要了。这是典型的人择思想。宇宙的存在和演化不以人类是否存在而改变，它仅仅是物质演化的自然结果，即使在一个没有人类出现的宇宙里，它的演化过程不会与我们的宇宙存在根本区别，我们必须跳出人类的框架，用第三者的眼光去审视自然法则——一族自洽的不以人类意志转移的定律，才能正确认识宇宙的历史。薛定谔说过"生命以负熵为生"，于是读者便自发地认为生命在宇宙中是独特的，其实这是一种误解。不但生命如是，所有的天体结构无不"以负熵为生"。生命通过吸收能量不断生长，实际上吸收的所有能量最终都在生命结束时返回自然，整个过程不断为时空增加熵。恒星通过热核聚变将物质转化为辐射，中途发生假死，假死的残骸再次吸积生长，这个过程恒星不断从有序变无序，再由无序变有序，最终通过超新星爆发转化为黑洞，为时空增熵，从这个意义来说，恒星也是一种生命，只不过生物的生命只有一次机会，恒星的机会可以有多次而已。尽管生命有其独特之处，但仅仅是构成宇宙的普通一份子。

　　自从哥白尼发表日心说以来，太阳作为茫茫宇宙里一颗极其普通的恒星的观念已经被完全接受，按照哥白尼宇宙学原理，我们的太阳系在宇宙中没有任何特权，那么我们的地球以及我们自身可能同样没有任何特权，我们在有限的时空里找到其它生命仅仅是时间问题。基于宇宙中存在数万万亿的恒星系，每个恒星系统可能最多允许两个行星位于宜居带内，因此存在数以百亿计的地球的可能性很大，这些宜居带里的地球形成生命的概率是相等的，生命是普遍存在的怀疑因此变得合理。一旦生命形式在某个星球存在，进化到越来越高级似乎是一种必然趋势——尽管 40 亿年前地球生命的起源可能来自一组极其相似的化学反应，并且直到 6 亿年前由于生存环境的单一性造成生命形态依然非常简单，然而随着地球系统演变得越来越复杂多样，即使是起源于相同的物种不会产生完全一样的后代——正是基于不确定性原理的影响正在创造最惊人奇迹促使生命总是向着多样性进化，并且由最初单一的原始的生命演化出百万种完全不一样的物种。生物多样性的趋势令到高级生命的出现成为必然。然而同样是不确定性原理的制约可能使我们的出现变得随机，这是矛盾的两方面。

在研究中处处感受到人类在宇宙中的独特性，或许真的仅仅是某些机遇巧合的偶然结果？如果是这样，我们的存在将成为万千宠爱，我们的责任将一下子变得非常重大。

根据我们对宇宙起源的认识以及暗物质暗能量在整个宇宙演化过程中的作用，经历了 138 亿年时空膨胀后，越靠近现在不但星系间距离越远，暗物质的密度也一步步削弱，因此我们确信越早期的星云在更高密度的暗物质扰动下塌缩成大质量恒星的机会越大，越靠近现代形成大质量恒星的概率将会越低，显示越年轻的恒星更多受到重金属核吸积的影响，这可能表明，越年轻的类太阳星系形成宜居星球概率越高，出现生物甚至进化出文明的几率越大。人类寻找智慧生命应该更多地关注这样的系统。

要清楚我们在宇宙中占据一个怎样的位置，首先需要了解我们的太阳系尤其是地球，需要了解影响人类进化和生存的各种因子，我们将通过一起探索太阳系的起源、地球地质运动的演变与生命之间的关系寻找答案。

根据二元体系的表述，我们的世界属于物质元的范畴，影响物质元的外部因子是外太空寒冷的环境与恒星热辐射，而对星球本身起决定作用的内因归根结底只有三个，那就是质量、能量与动量。研究发现不论是恒星太阳还是行星系统，这三个因子都存在一个共同的关联点——最终都归结为热辐射和熵之间的关系，由此可知决定行星演化的关键因素正是热运动。因此我们需要首先了解宇宙中产生热辐射的主要途径。

由于物质量、能量、动量之间的联系受到一族规范的物理定律制约，而所有的地质运动都是这三个因子之间相互作用相互转化的结果，都可以归纳到这一族定律中解决，因此理论上只要我们掌握了足够的相关数据，可以通过一族物理原理计算出转化的结果。这似乎暗示，只需要找到正确的方向我们完全可以预测包括板块运动、冰河事件、地震以及火山活动的规律。为了实现这一点，我们已经具备了两个重要的理论基础，包括相对论和经典标准模型理论的惊人进步以及对热运动的深入理解，下一步我们急需解决的难题有如下几方面。

为了获得关于太阳尤其是地球的基本数据，需要大力发展计算机制图技术、遥感对地观测技术，建立地球断层扫描信息数据库，最终的目标是制作出全球板块构造地图。当我们描绘出一个正确的板块构造分布图以后，将为实时监测以及电脑模拟提供基础模型，并为理论计算预测这些因子的变化提供数学依据。

鉴于地球的质量是一个常数，核幔壳之间的分层以及热运动在某个较长周期内是渐变的，我们拥有足够的时间研究发现这些变化。由于整体上我们可以把地球的刚体部分看作是一个自足的独立系统（太阳与水圈大气圈之间的研究属另外一个课题），岩石圈的形变规律是地球系统演化由量变到质变的自然结果。根据人类已经掌握的知识显示构成地球的化学成分与密度是可知的，板块的质量以及运动的方向和速度是可测量的，因此根据牛顿定律每一个板块的动量与轨迹是可计算的。由于动量、能量与热辐射之间存在一定的物理关系，每一种岩石成分的融点、应力、形变只允许在某个范畴内起伏，因此板块边界的热流值与形变时间、突变事件之间的辩证关系是可预测的。影响板块构造的因素包括底侵、拆沉、流变以及气体、水挥发分，运动方式包括伸展、热隆、推覆、俯冲、碰撞、错动等，这些因子只有有限个，因此作为自足系统的地球原则上是可确定性的。当我们掌握了充分数据后，可以利用计算机技术根据全球板块地图模拟板块运动的状态，结合理论、模拟和野外考察不断修改完善我们的理论。

在过去的数十年间我们已经在气象预测方面取得了巨大成功，这个经历非常值得借鉴。我相信在未来二十到三十年内，人类必定能够在地球板块运动、冰河事件、地震、火山活动等重大地质现象的预测方面取得实质性突破。我明白这项工作的难度，但是世上没有一件事情是容易做到的，地球是我们目前知道的唯一拥有生物圈的星球，也是我们唯一的家园，我们必需做到，别无选择。

为了实现这个目标，在这一部分文章中，我尝试在前人成果的基础上对目前的板块理论作出微调，对现行的六大板块的区划划分进行修改，根据统一的动力学机制建立一个全球性的三级板块分类体系，并以此模型为基础论证了核幔圈、岩石圈、水圈、大气圈、生物圈以及人圈之间协同演化的辩证关系，希望能够为地球科学的发展提供一些新思路。

一、五种自然力与星球的热事件

组成我们宇宙的基本物质包括 95%的暗能量、4.6%的物质以及一部分自由粒子和辐射，在这些基本组分中，微波背景温度只有 2.7K，暗能量、黑洞温度可能比微波背景温度更低，而原始星云大部分处于-265 度到-253 度左右称为冷星云，整个宇宙只有占比约 4.6%的物质能够通过相对运动产生热能。

宇宙万物都受到五种基本力的作用，而这五种基本力是所有天体产生热能的主要方式，整个宇宙内无一例外。如果非要区分现代宇宙学范畴，那么我们可以这样认为，解决宇宙万物的理论更多地是物理学的范畴，解释生物进化等现象更多地属于生化学范畴。由于生物是一个自营体系，在整个宇宙历史内可以看作是唯一可以通过获得能量而自我繁衍自我循环再生不灭的体系，这个体系远离平衡态，因此无法完全利用物理学解释生物行为。时空中一片巨大的星云在引力作用下可以实现自我塌缩从而形成局域的自营系统，这个系统死亡后仍然可以通过吸积外部能量进入新一轮演化。星云可以演变成恒星再到超新星，超新星死亡后可以通过吸积演化为恒星黑洞，再拓展到星系黑洞，最后成为宇宙黑洞，透过大反弹重生，从这个意义来说，宇宙同样是一个生命体，只不过它一次循环的时间跨度要大于生物个体而已。不论是生物的演化还是宇宙万物的演化实际上都是物质转化为能量或能量转化为物质的过程。

其中由万有引力产生的机械能，包括引力势、分子相互碰撞、摩擦（剪切）、（陨石）撞击、潮汐力，通过机械方式产生热能的物质结构适用于包括星云、恒星、行星、卫星等物质元所有天体，并且是这些天体热运动与生俱来的第一推动力。

由强相互作用力产生的核能适用于质量大于或等于太阳的天体，主要表现为光与热。

由弱相互作用力产生的衰变能，放射性核辐射。

由电磁力产生的电磁能，可能由核幔壳较差运动以及物质热熔相变产生。

四种自然力最终转化为热能（动能）释放出强大的排斥力。当这些热能缓慢而持续地释放时，系统将处于热传导状态，例如地球岩石圈将持续处于热熔隆起造厚等温控环境，太阳将进入主序星阶段；当这些热能瞬间释放时，将引起激烈爆发，例如地球进入活跃的火山活动等构造热事件，大质量恒星将发生超新星爆炸等。根据热力学熵增原理，随着热事件的不断发生，系统必定由单一近似线性的状态演化为混沌复杂的体系，例如地球由单一的热隆-伸展构造运动演变为现代板块运动；相反当热事件结束（冷却）后，系统将再一次回归简约单一状态，例如地球进入冰河世纪，类地星球进入静止盖层，超大质量恒星塌缩成黑洞等，宇宙内所有的天体都遵循相似的演变规律。

掌握这些基本信息，对探索太阳系的形成，尤其是正确认识地球板块运动如何启动以及演化发展，弄清楚现代板块运动的动力学机制非常重要。

根据科学家对恒星的研究，从它们进入引力收缩的旋涡状态后，星云就通过热辐射的方式向太空释放热能，进入主序星阶段后，在恒星核心区由核聚变产生的热能经由光子和带电粒子携带，大约需要 2 万年时间穿越恒星半径到达光球层，以太阳光和太阳风的方式向太空释放。到达光球层后，能量团的温度由 1500 万度迅速下降到只有 6000 度，形成"米粒结构"后变冷下沉折返，太阳以这种垂向环流的方式，不断地把产生于核心的热能带到表面。产生于内部的磁场在向外升腾的过程中不断扩展成为一个磨菇状结构，到达太阳表面时可以形成一个直径达 20 万千米的"黑子"。由于黑子的磁场强度很大，可以约束并累积太阳内部向外升腾的能量，当黑子磁力线断裂时发出太阳耀斑，在这瞬间释放的能量相当于 10 万到 100 万个强烈火山同时喷发。如果这些热能同时被地球吸收，整个地球将沸腾并被气化一部分物质。质量越大的恒星越快形成核聚变，产生的热能越高，同时热能丢失得也越快，因此它的寿命也越短。一个质量大于钱德拉塞卡极限的恒星在发生超新星爆炸时，瞬间释放的能量等于太阳一生产生的能量总和，发出的光可以照耀整个星系，大爆炸抛出的行星物质以高达每秒 6000 千米到 20000 千米的速度向太空扩散。恒星终其一生，无时无刻都在以垂直运动方式把内部产生的热能向外释放。

科学家对太阳系类地星球的研究，至今还没有在地球以外的其它星球上发现板块运动的痕迹，也没有发现由自发性的水平运动引起的结构。但是，这些星球均存在垂直热运动的现象。由仅有数百千米直径的灶神星到木卫一、月球、水星、火星，到巨大的金星、地球均发生过激烈的玄武岩喷发事件。这些星球的表面至今覆盖着从 40 多亿年前到 30 亿年期间长达 10 亿年溢出的玄武岩。其中火星的玄武岩表现出大约 10 亿年前仍然发生过火山活动，金星的玄武岩均为近 8 亿年到 5 亿年期间喷发而成。这些星球的地貌特征表明，尽管缺乏水平运动，却无一例外均拥有垂直运动，充分证明，垂直对流是星球第一热运动方式。

不论是行星还是恒星，热能均首先由内部核心区域产生并以垂直运动的方式向外部传导，最终受星球自转角动量以及重力作用转化为水平运动，并在引力约束下回到星球内部循环。由于外太空是一个仅有 2.7K 温度的寒冷环境，在这个过程中必定通过对外辐射丢失热能。热运动越激烈的天体失热速度越快，更快停止热运动，失去热能后所有天体最终都将成为死星。毫无疑问，在星球形成板块运动前垂直运动已经存在，板块运动是星球热运动逐步走向成熟的自然结果，地幔热流对星球地质运动的作用先于板块俯冲产生的动力，是第一推动力，没有垂直热对流就不可能存在板块运动，当星球内部热运动逐步减弱时，板块将停止运动。

据此，我们得出结论：垂直对流是星球与生俱来的，这些热能的产生和制约机制正是我们在前文论述的五种自然力相互作用的结果。

二、太阳系冷起源学说

一直以来，我们对地球的认识是建立在一个初始化热熔"岩浆洋"的假设前提之下的，基于这一假设可以得出地球的核、幔、壳早期已经形成明确的三层结构。一般认为在距离太阳 4 个天文单位以内，由于温度高，内行星只能由高熔点的物质形成。木星、土星、天王星和海王星则形成于更远的雪线之外。然而随着越来越多外星系的发现，在这些行星系非常近的内行星轨道上存在大量的热木星，它们与恒星距甚至比水星更近，就目前发现的热木星主要分布在距离母恒星只有金星轨道以内，很多不到一亿千米，仅为地球日距的三分之二。这与太阳系的起源以及类地星球热形成理论形成冲突，这些固有的理论必须修改完善才能帮助我们正确认识我们的太阳系-地球家园。

关于太阳系的形成有多种主张，对外星系的研究越多，争议也越大。一般均认为首先由一个第一代大质量恒星死亡形成的原始星云，在某种激波产生的压力挤压下触发太阳星云收缩成旋转盘从而形成，我对此有所保留。如果太阳系起源于一个第一代恒星形成的行星状星云，理论上整个太阳系应该围绕一个黑洞或超新星残骸公转，显然不是这样。

纵观宇宙历史以及类太阳恒星在宇宙中的普遍性，太阳系的形成不应由某种特殊的事件引发而是具有简洁的普适性。早期形成的第一代恒星通常认为主要依赖引力密度的塌缩，但是此后形成的类太阳恒星我个人主张更倾向于由金属球核的引力吸积引发。正如积雨云中低温的悬浮粒子作为冰晶的球核一样，原始星云中大比例的金属及冰冻气体核心比氢氦温度更低，极易形成引力中心引发星云收缩向其汇聚，这个过程可能非常缓慢以至于太阳星云存在十数亿年后才开始进入收缩期。依据元素周期表我们认识到构成地球的物质基本包含了宇宙自然状态下所有的化学元素，这是一种奇迹。其中据科学家研究，超重金属可能是由千新星事件（双超新星碰撞合并）产生，地球的奇迹似乎暗示构建原始太阳星云的重金属不应该仅来源于一个超新星而是多次的超新星爆发喷射的行星状星云不断为原始太阳星云补充重元素及冰冻物质。太阳系更可能是从一片更大的星云中脱颖而出。根据银河系旋臂给我们的提示，旋涡状星云在收缩过程中可能都会受到引力密度波的作用而形成洋葱结构，在这样的旋涡里物质受密度波影响将分别沉降到这些构造上成为各个天体的原始轨道，其余空间则仅有少量物质存在，正如银河系旋臂之间的空隙里基本不存在物质一样。我们将在后文中详细论述。

　　按照哥白尼宇宙学原理，原始太阳星云即使再重复一百次形成的过程，其结果可能都不变——形成一个与现在太阳系相似度极高的行星系统，但是按照不确定性原理，哪怕从头再来一次，也未必会产生相同的结果，甚至不能保证在宜居带存在一个地球，或者就算地球同样存在，生命演化的结果也可能不一样，未必会进化出人类，影响原始太阳星云最终结构的因子实在是太多了。

在科学家探索外行星系的时候发现了很多超级地球和热木星，这些现实的存在对太阳系形成理论提出了很大挑战，主流科学认为热木星在如此近日轨道上存在的原因可能有两种，一种是原地形成，一种是远处形成后迁移，超级地球的形成很多人主张是微小版海王星被剥掉外壳之后的残骸。也有学者认为水星本身也可能是一颗热木星被太阳风剥掉气壳后留下的球核。我们不反对各种可能性，但是提出一些质疑。主张热木星迁移的说法无法解释它的普遍性，在某些非常年轻的恒星系里存在多个热木星，不能用迁移说解决。另外我们观测到在双星系统里两个恒星受到引力的作用相互吸积，表明在近日轨道上引力场的作用远远大于太阳风的力量，这样母恒星与热木星之间更多地表现为吸积而非剥离，但是目前没有发现热木星气壳被母星吸积的现象，可能说明热木星巨大的质量有能力保护自己的大气层，这与双星系统相互间存在巨大引力势有一些区别。因此认为热木星由远方迁移至近日轨道的观点不受支持。根据不确定性原理和开普勒行星定律，我们更主张大多数情况下行星系统是在星云期间全同成员同步原地形成的，并且形成后不存在大规模的轨道变迁事件。而对于太阳系边缘可能存在一个大质量第九大行星或微黑洞的猜想我们在第一部分运用暗物质理论予以解释，将帮助我们更正确认识太阳系起源和演变历史。

　　根据康德-拉普拉斯星云模型，我们的太阳系起源于一片巨大的原始星云，在46亿年前从这片星云中分离出来，并且在某次超新星大爆炸的冲击波影响下发生了收缩，在随后的一千万年里塌缩形成了太阳，其余重金属与冰冻物质则分别形成了行星系。在行星形成的过程中，只有由岩石等高熔点成分构成的类地星球才能在近日轨道上生成，而其它大行星只能在雪线以外的外太阳系聚结。地球等类地星球由于非常靠近母恒星，在它们形成的过程中一道曾经数百万年处于热熔状态，熔岩流最终轻浮重沉形成了核幔壳分层结构，并逐步演化成今天的模样。这是主流科学对我们的太阳系、行星系统形成的描述，我们对此结论产生了怀疑。事实上这样的结论既不符合普适的物理定律，也与太阳系的实际构造不相符。根据经典物理学原理以及我们在第一部分推导的宇宙起源理论，我们强烈建议倾向太阳系低温起源学说。

　　通过对陨石长期的研究，我们已经充分了解陨石的化学成分。在3类陨石中，石陨石最多，并且90%以上的石陨石都是由大量毫米大小的硅酸盐球粒组成，表明它们在原始星云阶段由微小的宇宙尘埃在极低温度下合并而成，因为一旦在高温环境下这些球粒将热熔结合，而无球粒陨石正是球粒陨石经高温熔融分异和结晶而成，是形成天体后二次热熔的产物。陨石的球粒结构支持太阳系冷起源。

　　我们的研究发现太阳系行星系统格局也强烈支持冷起源说。

太阳星云主要由如下物质构成，氢、氦，约占星云质量98%，其余组分占约 2%，主要是金属物、硅酸盐、碳酸盐、硫酸盐、碳氢化合物、二氧化碳、氧、氮、氨以及水冰等。比较这些组分的熔点和沸点：其中金属及化合物热熔点约800 度-1300 度。

	氢	氦	二氧化碳	氮	氨	水
熔点	-260°	-272.2°	-78.5°	-209.86°	-77.7°	0°
沸点	-255°	-268.9°	-56.5°	-195.8°	-33.5°	100°

根据科学家对外星系星云的探测结果，大部分冷星云温度约-253° 到-268° 之间，仅比微波背景温度高 5-20K。我们知道，太阳的热能主要依靠光子和电子携带传播，而这两种粒子只有在太阳进入主序星阶段由核聚变产生，原始星云阶段热能主要通过红外辐射。在真空环境的宇宙太空里，红外辐射传播的距离非常有限，不能加热早期行星系统，在这一时期行星产生热能的速度远远小于失热的速度，不足以形成热熔外壳。在宇宙范围内，只有由氢、氦为主要组分构成的星球才能使表面温度长期保持高温状态，没有机制允许类地星球长时间（以"年"为时间梯度单位）处于热熔状态。这一点我们可以通过观测小行星带形成的小行星族得到验证。在小行星带中，天体相互碰撞会产生两种结果，有时候两个碰撞的天体会结合成一个更大的微星体，有时候却造成破碎形成小行星族。这种刚性的碰撞虽然可能造成天体破碎，但是从人类获得的陨石中我们了解到，小行星之间的碰撞只能

造成表面仅毫米级深度的热熔熔壳，不会造成两个碰撞体高度热熔，极度低温的外太空环境使它在极短时间内重新冷凝，这个凝结的时间梯度以分钟、小时、天为单位，至今没有发现热熔时间长达到以年为单位的撞击事件。科学家在木卫三发现直径达 7800 千米的陨石坑，几乎覆盖整个卫星表面，但是并没有使木卫三失去水和挥发分。因此，我们认为"类地星球的初始状态呈现长达百万年岩浆洋"这一结论违反普适的物理定律，缺乏理论依据和事实支持。

　　从太阳系行星分布来看，整体上可以分为三个大的圈层。内行星主要由重金属物构成，其中铁镍硅镁岩石等是最重要组分。第二圈层的外行星、卫星主要由硅酸盐、冰冻物质、气体组成。第三圈层主要由雪球、尘埃构成柯伊伯带和奥尔特星云。

　　对于小行星带的形成，目前主流观点认为，由于受到木星潮汐力以及轨道共振的约束，小行星带天体没有办法形成行星。我们不赞成这一种看法。我们知道，小行星带 95% 的质量集中在 2.17 到 3.64 个天文单位轨道范围内，木星轨道约为 5 个天文单位，即小行星带天体与木星距离为 1.5 天文单位以上，要远远大于水星、金星、地球到太阳的距离，木星对小行星的潮汐力与太阳对近日三星的引力相比不到十万分之一，根本微不足道，如果木星的引力足以影响小行星形成行星，那么近日三星根本不可能存在。

根据统计，水星轨道距离金星约为 4500 万千米，金星距离地球约为 5000 万千米，地球距离火星约 7000 万千米。假设这些天体共享轨道半径的一半，那么地球轨道引力范围约 6500 万千米，即向内可控制 2500 万千米，这个半径范围内形成的小天体相互碰撞合并，最终被地球清空，超过这个范围的物质由金星清空，向外控制约 4000 万千米，超过这个范围，物质由火星清空。小行星带物质却广泛分布在 2.17-3.64 个天文单位，跨度大于 1.5 天文单位，相反其质量总和小于月球，毫无疑问，这样的条件即使没有大木星的存在，也没有足够的引力清空轨道物质形成行星。相反，正因为小行星带在如此广阔的轨道范围内仅有如此少量的物质，表明该区域大部分物质在星系形成过程中都被吸积到木星核里，才使得木星具有足够大的引力吸积形成大质量气体行星，而土星则没有木星那样幸运，尽管它的体形也很庞大，但是由于缺乏足够的金属物质形成球核，土星的密度显得比水还轻。

科学家对小行星带做了较多的研究，了解到在距离太阳 2.5AU 处存在一条含硅的 S-型小行星为主天体组成的环，在 2.7AU 处则以含铁镍为主的 M-型小行星构成的环，在小行星带外侧是一条由 C-型小行星构成的环，这些物质被重力分布到不同的轨道上构成"三明治结构"。小行星物质是太阳系初始化时期已经存在的古老物质，我们有理由相信太阳星云时代的"黑胶唱片"正是由多个不同轨道的"三明治环"构成的，是重力分异的结果。

从土星环的分布来看同样呈现这种"黑胶唱片结构"。根据科学家对土星环的研究，在不到 50 万千米轨道范围内分布着至少 7 个大环，除少数由暗淡的岩石颗粒尘埃构成外，95%是由冰冻物质构成，环与环之间存在不同宽度的缝。另据科学家的研究表明土卫六大气主要由氮和甲烷构成，甲烷含量超过地球甲烷的储量，这种神奇的大气构成在太阳系所有卫星中是独一无二的。氨、甲烷也是海王星、天王星大气除了氢氦以外的主要成分。由于土星质量密度太低，在天文合成的过程中未能象海王星、天王星一样有效清空轨道上的氨、甲烷环，致使这些气体成分被土卫六巨大的球核所吸积。至于土卫六上氮的来源或是否由氨后期分解为氮还需要进一步研究。土星系统这两个事例显示原始太空物质分布的确存在重力沉降的分层现象。

从太阳系行星、卫星结构来看，核心层主要由金属物质铁镍等构成，幔、壳圈则由化合矿物质构成，最外层是水圈、大气圈，是冰冻物质受热气化的形态。大部分即使质量很小却拥有大比例水圈的卫星同样具有分层结构，但是这些卫星历史上从未处于热熔状态。这些事实表明星球的分层现象并非起源于热熔岩浆洋。

据此我们可以得出结论，包括太阳系、气体行星、类地星球、卫星，这种"三明治"结构在初始的天文合成阶段已经存在，并非后天改造的结果，后天的地质运动强化了这种结构并帮助星球进一步加大密度同时在核心区域形成热熔层。

由于氢和氦的沸点很低，当原始星云开始引力收缩时，这两种构成恒星的最重要元素通过碰撞开始产生热能，这时其它物质仍然处于冰冻状态。基于角动量守恒，星云收缩进入流体旋涡状态，受到离心沉降作用，不同密度的物质开始重力分异，降落到不同轨道，形成由不同的"三明治"构成的"黑胶唱片"——正如土星环的多环结构。事实上，由于木星、土星、天王星、海王星等大行星具有强大的潮汐力，会阻挠靠近它们轨道附近的物质形成天体，如果在这些大行星完全形成前，卫星不能及时清空轨道上的冰冻物质，则这些细碎的岩石冰块将永远不能再形成天体而成为大行星的环。

根据太阳系星球分布现状我们统计出，大量的重金属物沉降到引力中心，成为构成恒星太阳的球核，其金属含量为整个太阳系所有天体质量总和的 10 倍，这个巨大的球核营造出一个弯曲的爱因斯坦时空。我们在第一部分中论述了宇宙诞生之初形成的大质量恒星主要受控于高密度的暗物质，后期的恒星更多受到重金属吸积作用，这一模型适用于太阳系的历史。在这一阶段，氢和氦具有非常良好的流动性，向着这个弯曲时空的引力中心集结，这个巨大的球核吸积了整个星云 99.8% 的氢、氦。受到离心沉降作用，越靠近太阳，重金属组分比例越大，铁镍成分越重，距离太阳越远，铁镍成分越少，硅酸盐、碳酸盐、硫酸盐成分越多。在一个天文单位的轨道上出现了一个铁镍比例骤然下降硅酸盐等矿物比例陡然增加的梯度界线，在这个界线内，水星铁镍含量最大，金星、地球次之，属于同一梯次，密度在 5.24-5.52 之间。由于近日三星轨道间的空隙狭窄，在天文合成过程中基本能够把轨道清空，因此三星很难存在卫星，这个结论比较支持月球俘虏说。在这个界线外，月球、火星、小行星带天体、木卫一、木卫二密度为 3.0-3.53 之间。我相信月球正是在这个天区范围内形成的，由于木星轨道共振被抛进近日轨道，这个原始天体不是撞击了地球，而是撞击了金星，造成金星逆向自转速度下降，同时使金星失去了大量的水，金星和原月球的轻物质可能被地球吸收使地球拥有了超出标准模型的海洋，该天体碎片在近地轨道上重新形成了月球并且成为地球的伴星。残余的碎片则成为后期重轰炸的陨石的一部分来源。五个天文单位外出现一个硅酸盐成分骤然下降冰冻物质骤然上升的界线，这个界线以外几乎所有的天体，包括行星、矮行星、卫星、彗星，甚至包括了柯伊伯带和奥尔特星云密度均为 1.24-2.0 之间（我们可以由哈雷彗星身上得到验证），说明从这条界线开始外太阳系所有星球的物质组分是一致的。这些证据显示硅酸盐冰冻气体水分子混合物是构成太阳系天体的基本组分。根据太阳系目前的这种天体分布规律表明，整个行星系统从星云收缩开始至今 46 亿年间没有发生根本性变化，它们的排列顺序基本符合星云演化模型。按照这个模型我推测在天文合成时期除太阳、木星、土星等几个大质量天体外，整个太阳系所有其余天体，包括类地行星、冰冻行星和大部分卫星都拥有相似的物质结构，即一个铁镍、硅酸盐等岩石构成的核（幔）和一个水、气体构成的冰冻外壳。这些天体在原始星云塌缩时期由大量铁镍硅等金属和岩石冰混合的小结构碰撞合成，在合成的过程中来源于撞击和引力收缩转化的热能会不断地把岩石冰中混合的气体和水释出外溢到表面，而残留下中心的铁镍、岩石，这种过程在整个天文合成阶段反复出现，因此即使没有经历过重大地质运动或缺乏放射性物质的小卫星、矮行星都具有分层结构。这也使得大部分星球允许存在或曾经存在液态海洋。

目前最早由水流带来的沉积岩是在位于格陵兰岛的 38 亿年前地层中发现的，另外威斯康辛大学麦迪逊分校的团队与澳洲国立大学康普斯顿的研究团队合作的最新研究成果，在澳洲发现 37 亿年到 26 亿年期间沉积岩中存在来自 44 亿年前到 40 亿年期间蕴藏在花岗岩里的锆石，表明可能早在 44 亿年前地球已经存在海洋，远早于后轰炸事件，证明地球的水和挥发分并非来自重轰炸期的彗星。这个研究成果表明水及气体等挥发分是构成所有星球的基本组分。这些结论均支持太阳系由同一片冷星云演化而来的主流观点。理由有如下几方面：

（1）太阳系天体的排列符合离心沉降规律，整体上遵守幂律分布，天体密度以及构成天体的组分由重金属到硅酸盐到冰冻物质组成层圈结构，随距离恒星越远重金属含量越低，冰冻物质比例越高，这种结构与大部分行星卫星内部分层结构一致。

（2）物质分布符合爱因斯坦对大质量物体造成时空弯曲的描述，在整个太阳系大尺度上与"黑胶唱片"结构模型相符，即在原始星云中分离出多个时空曲点，每一个"点"最终可形成独立的引力阱，吸积引力范围内的物质形成星球，并在这个"点"的公转面演化成为稳定的轨道，这一法则同样可以用来解释已发现的外星系的天体分布规律。

（3）天体轨道排列吻合开普勒行星定律，呈现出一组简约优雅的数学美。

在星云旋涡中，占90%以上重金属物经离心沉降集结在"黑胶唱片"中心，构成最大的"三明治"，在10万-100万年期间塌缩成为球核，营造出一个弯曲的爱因斯坦时空，吸积了99%的氢、氦形成恒星太阳。距离恒星约0.4Au处存在另外一个"三明治环"，其中铁镍比例较高，冰冻物质比例最小，塌缩形成水星，在0.7Au处形成的"三明治环"，冰冻物质比例有所增加，塌缩形成金星，在1个天文单位处形成的"三明治环"，铁镍等金属成分、硅酸盐等岩石成分、水等冰冻物质都是最多的，塌缩形成了地球，在1.5Au处，铁镍等重金属成分陡然下降，硅酸盐等岩石成分大幅增加，冰冻物质的比例可能也有所上升，形成了火星，火星的组分已经很接近小行星带物质的比例。

根据爱因斯坦时空弯曲理论，我们认为在星云进入流体旋涡状态开始，在离心沉降作用下不同密度物质开始重力分异（人类正是利用这一原理设计离心泵对物质进行分离）。受重力造成的时空弯曲作用，这些物质降落到不同轨道。由于它们的碰撞是发生在由缓慢自旋开始的星云旋涡中，这使得这些冰冻物质可以在低速运动的流体包裹中碰撞不容易造成破碎，它们相互软性碰撞黏合，加上外层空间的氢、氦向引力中心径向流动时帮助这些冰冻物质穿越行星盘，极大地增加了它们相互碰撞的机会，这些因素使行星能够更快速增长，其形成时间可能比原来估计的要短。当星子达到数百千米直径时接近球形，进入定轴自转阶段，转化为主要依赖牛顿万有引力吸积成长。由于氢、氦具有非常好的流动性，由外太空开始向内流动集结的氢、氦穿越行星轨道时，被大质量的海王星核、天王星核、土星核、木星核截留了部分，其余则汇聚到中心点形成太阳。因此，可以推断，如果在"爱因斯坦阶段"没有足够多的重金属产生足够大的弯曲时空，则进入"牛顿阶段"后，形成大行星几率迅速降低。由于内行星质量太小，不能吸积氢、氦等轻质量气体，无法成长为"热木星"。根据开普勒行星定律，行星公转时间平方对应于轨道半径的立方。距离太阳越近，行星公转速度越快，由于上述两个原因，当太阳星云进入高速旋转状态时，不同轨道的物质公转速度差异越大，从这一"开普勒时期"开始，行星基本进入稳定轨道，在这个时期内形成更大星子的机会再一次下降，越往后机会越少。

如果后宇宙时代恒星及行星系统的形成更多受制于星云中重金属丰度，那么我们可以得出两个结论，第一，由于类地星球冷起源，没有经历岩浆洋阶段，因此不能认为地壳是刚性的，它必定兼具刚性、塑性、韧性和韧脆性。第二，不论第一星族还是第二星族都遵循相似规律，一个太阳质量的原始星云，若重金属比例等于太阳系，并且形成过程相对缓慢，则形成类太阳系几率最大；若金属比例远远大于太阳星云，且能够快速形成行星系，则形成超级地球的可能性增加；若原始星云中氢、氦含量及重金属比例均大于太阳星云，则极可能形成热木星；当星云质量接近两个太阳质量时，形成双星系统机会大大增加；超过两个太阳质量的星云更可能形成超级太阳。基于这个星云模型，我们在探测外星系时，可以根据其等离子体的总量、密度分布，金属物的丰度及进入收缩相时间的长短推导出形成可提供生命系统存在的类地星球的几率，这种方法有望成为探索外星生命的一个好的探针。

三、天文合成

——太阳系后期重轰炸对地球构造运动的约束

　　基于现代观察所得，洋中脊的扩张速率变化很少，据此学术界普遍认为板块运动及其作用基本上是一个连续的发展过程，不具脉冲性或间隙性。然而这种理解与地球构造运动历史刚好相反。地球在整个地质运动发展过程中发生过至少三个时期由渐变到突变的重大事件：第一次是 42-36 亿年后期重轰炸期间，是原始陆核形成的基础阶段。第二次发生在 30-18 亿年期间，是大陆克拉通化的重要时期，全球 78%克拉通[翟明国]都是在此期间形成，这些古老克拉通经多期次微陆块拼贴成古大陆，例如华北克拉通在十几亿年期间经由八期构造运动由六个微板块拼贴形成[翟明国]。第三次是后寒武纪时期现代板块运动事件。在这三次重大事件之间均存在长达数亿年相对沉寂的时期，我们认为地球板块构造的演化具有明显的脉冲式和间歇性。每一次事件均引起构造方式的突变并造成洋陆结构的重大改变，体现了由渐变到突变，量变到质变的演化原则。因此，对这些重大事件的研究可以帮助我们获得丰富准确的地质信息，对了解板块运动的形成机制、过程至关重要。

在整个太阳系中，金星、火星、地球地质构造具有较大的可比性。在 46 亿年天文合成开始到后期重轰炸事件结束约 15 亿年时间里，它们均在南回归线以北北半球地区形成高原、山脉、裂谷、盆地。金星、火星地壳的局部地区已经减薄到足够深，可是尽管它们的裂谷拉伸到深达 8 千米仍然没有发育成洋脊，也没有形成水平运动从而形成板块运动，而地球却可以在很早开始形成类似板块运动的构造，为什么？假如向金星、火星注水，则金星和火星同样存在海洋与大陆，如果它们都拥有海洋是否也能存在板块运动？如果我们运用固定论可以解释除地球以外所有类地星球的地质现象，是否表明我们地球本质上也是固定的，固定论与活动论之间有着怎样的辩证关系？是什么原因造成三大行星构造运动产生巨大分化？

通过数据分析，我认为它们之间的差异关键在于地幔发育程度的不同。静止盖层可以分为阶段性和永久性两种，除了太阳系重轰炸事件曾对这类星球的地壳地形地貌产生过重大影响以外，后期所有类地星球的地壳演化均受制于地幔的演化，随着地幔发育程度不同，阶段性静止盖层也可以活化，一旦地幔失去活力整个星球将进入永久静止盖层，地壳的演变仅仅是地幔演变引起的外部表现。据此我们建议对行星学的研究由对地壳静止盖层为侧重点的研究转为以地幔为重点的研究，建立一个地幔演化的动态模型，探索地幔不同发育阶段对构造运动的约束是地球科学探索的重中之重。

一、运用比较学、系统学探索地球构造运动

根据生物进化树的种属关系，我们相信地球的生物具有相同的起源，但是由于它们生活的地理区域、生存环境以及在食物链中所处的位置的不同，物种会产生分化，这些分化使生物群体之间逐步形成了差异，在遭遇突发性的重大事件时，这些累积的差异会被突然放大产生突变，这种突变一旦深入到基因层面，新的物种将会出现，而另外一部分则仍然保持原来的模式继续繁衍，毋庸置疑的是，其中的一些个体将停止进化。通过对生物演化的认识，我们发现这种进化规律在整个生物圈具有普适性，均遵循同源-分化-突变-新个体的出现这一发展原则。

在我们研究太阳系类地星球的地质活动过程中，强烈感受到这些星球的演化同样遵循这一演化模式。根据人类已经掌握的成果，我们认为太阳系类地星球具有同源性，它们在一个相似的时间、空间、大结构中由相似的物质组分构成，但是，当这些星球经历了天文合成后，分别下降到不同的轨道，与恒星太阳形成了不同的距离，吸收到不同的热辐射，同时，基于它们所处位置的不同，这些星球的质量、轨道倾角、自转速度、角动量、温度、物质组分出现了差异性，而这些差别促使它们向不同方向分化。在经历了太阳系后期重轰炸等重大事件后，不同阶段的地幔发育促使这些差异性被突然放大，使一些天体的构造运动产生了突变，新体系得以出现，而其中一部分则停止演化形成静止盖层。

　　地球与生物演化这种近似的发展模式，可能为我们研究核幔圈、岩石圈、水圈、大气圈、生物圈以及人圈的协同演化带来新的启示。

　　根据我们发现的星球演化模式，我们建议把地球地质运动历史的研究分为几个步骤：

　　第一步，利用其它类地星球不同时期定格的地形地貌特征重建地球天文合成和后期重轰炸时期模型。这一工作将会为我们研究地球板块运动的成因、过程提供基础填图。

　　第二步，通过比较行星学了解地球的构造运动与其它星球的差异性，进一步弄清楚这些星球从何处、什么时候开始产生分化，是哪些原因造成这些分化的扩大。

　　第三步，是哪些重大的地质事件造成了这些分化的突变，从而引起地球板块运动发生脉冲式的进化，在岩石碎片中留下了哪些时间胶囊。

　　最后一步，地球的现代板块运动是怎样形成的，这个过程中核幔圈、岩石圈、水圈、大气圈发生了哪些重大改变，与地球生命的起源、进化与灭绝有什么关联。五个圈之间的演化能否找到某些规律，对我们预测未来地球板块运动、自然灾害、冰河世纪的形成可能带来哪些帮助。

　　二、类地星球的同源性

　　太阳系类地星球拥有近似的物质组分，是在同一时间内的同一事件中形成，在天文合成以后，再受到同一时期太阳系后期重轰炸事件作用。根据哥白尼原理——我们在宇宙中所处的地位毫无特别之处。种种迹象表明太阳系所有星球均受到相同的自然法则制约。这一时期类地星球至少具有几个方面的相似性，表现在——所有类地星球的北半球均拥有持续活跃的地质运动而显得"年轻"，而南半球则保持相对"古老"沉寂的地貌特征，我们称为"半球分异"现象。由于这种奇特的现象在整个太阳系中具有普遍性（已知除了类地行星外还有土卫六同样存在这种半球分异现象，它的湖泊几乎都集中在北半球地区，可能暗示它的内部构造具有南北差异），我怀疑可能与太阳系旋转的黄道面有关，我仍然不清楚引起这种现象的真正原因，但是这种现象似乎隐藏了宇宙中某个重大秘密，因为不但太阳系行星系统存在这种奇特现象，宇宙大爆炸或大反弹同样存在南北天球的分异现象，这甚至可能是造成正反物质非对称性的原因，现代天文观测学同样发现来自南北半天区微波背景及粒子运动存在差异性，这种"半球分异"现象值得进一步探讨；这一时期类地星球的相似性还表现为——所有类地星球均发生了激烈的玄武岩喷发事件，形成了以玄武岩为盖层的第一代地壳；构造运动方式以热隆-伸展的垂直运动为主，三大行星均发育重要的高地、山脉、平原、裂谷，初步形成了陆地-洋盆格局。除地球我们还不十分确定外，其它星球这样的构造一直保持到现在没有发生过移动，可以判断其位置是固定不变的，我们认为，至少到这一时期为止，类地星球的构造格局都可以用固定论解释。如果金星、火星存在海洋，则两颗行星的陆地面积可能分别超过北美洲面积，达二千万平方千米以上，而它们的山脉仍然比喜马拉雅山还要高。那么，地球这个时期的构造是否同样是固定不变的呢？

在天文合成时期结束后，我们认为，整个太阳系格局已经基本稳定，因此相对于某一个独立的星球个体而言，它的总质量和总体积可以看作是一个恒量。基于物质不变定律和能量守恒定律，我们确信，不管星球物质怎样演化，都是有迹可循的。当一个热点获得热能时，必定通过传导、对流等方式转移到相联的空间并被吸收或释放，通过这种方式，热点能量达致平衡，在这个过程中热点的范围可能得以扩大。当一个地区的物质通过热熔流变到另一个区域时，获得物质的区域地壳得以加厚，热隆形成台地、高原、山脉，流失物质的区域则相应伸展减薄，成为平原、盆地。当这种伸展运动达到强烈程度时，将造成地壳塌陷形成裂谷。一般情况下地壳、地幔物质热熔流变过程遵从两个基本原则——物质总是由势位能高的地区向低的地区流动；总是由高温地区向低温地区流动。通过热隆-伸展流变的结果将构造出盆-谷-山混合地貌，并且在整个太阳系所有类地星球中具有普适性，这种构造运动伴随类地星球的一生。由于早期这些星球未经历重力加密，幔壳岩石间总体表现结构松散，表现为岩石圈地幔的年龄越古老，密度就越小，其结晶基底难以承托地体热隆的重力下压，也更容易引起拆沉现象，因此，陆壳加厚的过程中往往反复出现上升下沉多次演化，与后期的地壳相比显示出较弱的刚性。通过反复隆升-沉降运动，整个星球三个层圈均得到加压致密，这个过程中将转化为内部热能，岩石圈得以逐步发展成稳定的地质结构。我们列举几个例子加以说明。

土卫二：卡西尼号在土卫二上发现了一种引人关注的地质构造——裂谷，这些峡谷最大长度达 200 千米，宽度 5-10 千米，深达 1 千米。这种槽沟往往和山脊伴生，成为平原与撞击坑、环形山的重要分水岭。

月球：由雨海、冷海-阿尔卑斯山、柏拉图山-阿尔卑斯大月谷等构成重要的盆-谷-山构造地貌。

火星：火星的火山主要分布于北半球西北部塔尔西斯高原，包含五座大盾状火山，其中太阳系最大的奥林帕斯山脉。其东部是巨大的手号谷，裂谷东西范围东经 267.3 度至东经 331.1 度，南北范围则是南纬 2.96 度至南纬 19.09 度，前后延展超过 4500 千米，最宽处超过 600 千米，往下刬深约 8 千米。水手谷大约在 35 亿年前沿地质断层开始形成，据科学家估计是由于西部的塔尔西斯的巨型火山不断生长隆升引起的拉张塌陷造成的。当熔岩流从地壳涌入塔尔西斯高地沿着火山通道上行时，整个地区开始抬升，造成邻近区域火星下部熔岩被掏空引起拉张、陷落、断裂形成裂谷。水手谷的终点是火星北方大平原附属的克里斯平原。位于赤道至北回归线之间的埃律西姆地区发育出三座低矮的山丘，这些山丘被东南西北四个广阔的平原包围，期间有众多西北-东南走向的峡谷。山丘高度仅 1000 到 2000 米，如果火星存在海洋，这种地貌非常类似太平洋洋盆的格局。这两个巨大的盆-山-谷构造组成了火星最重要的地形地貌特征。

金星：北半球伊师塔地拉克西米高原、赤道附近阿芙洛狄忒高地以及一条深约 6 千米、宽 200 多千米、长达 1200 千米的巨大裂谷，面积达 2.5 万平方千米的玄武岩平原。

由于至今为止，科学界仍然未发现这些星球存在过板块运动，因此我们几乎可以肯定，这些盆-谷-山及所有地貌均由热隆-伸展运动在相对固定的位置构造出来，并且在整个过程中没有发生过漂移、碰撞、俯冲及形成造山带。

地球：在全球 35 个太古代克拉通边界大部分都发现古元古代的裂谷，同时在这些地槽带均发现变质的蛇绿岩，包括华北克拉通[翟明国]、加拿大地盾边界[刘敦一等]。从全球保留的地壳残片来看，40-36 亿年期间全球出现了一个非常热的阶段，发生了异常频繁激烈的岩浆喷发事件。[刘敦一等]

这些现象似乎说明从地球存在不久，这种盆-山-谷构造均开始出现。在现代地球地形构造中，这一现象更加普遍，例如伊朗高原---波斯湾---美索不达米亚平原；阿拉伯高原---红海、亚丁湾---乍得盆地；埃塞俄比亚高原、东非高原---东非大裂谷---刚果盆地；青藏高原、云贵高原---攀西大裂谷---四川盆地、川西平原；塔里木盆地-准噶尔盆地-吐鲁番盆地-天山-峡谷等。

　　我们有理由相信，由热隆-伸展引起的构造运动形式是构建类地星球早期地形地貌的主要途径，并且将伴随星球一生的热运动。同时这种垂直运动造成局部地区热隆加厚成为陆地，伸展减薄区域成为洋盆，是原始大陆和原始海洋地貌的成因。

　　迄今为止，人类通过向太阳系类地星球发送的数十个航天器，获得了大量珍贵的实物图片。根据科学家系统的分析，我们初步掌握了一些关键数据，对这些数据进行统计，我们发现太阳系类地星球普遍存在"半球分异"的奇特的构造现象，这些现象的形成时间与太阳系后期重轰炸事件高度吻合，我们认为其中可能存在某种内在联系。

　　根据这些统计，我们发现，月球的月面和月背构造存在非常明显的区别。月面分布着大量陨击坑，与陨击事件有着密切联系的火山活动喷发的玄武岩构成广阔的被称为月海的平原，月面的月壳厚度约 60 千米。月背则由古老的山地构成，月背壳厚度达 150 千米。月球表面的山脉大部分由陨石坑边缘隆起构成，地质运动主要集中在 30-40 亿年期间。活跃的火山热点集中于月面陨石坑边界处。

　　火星北半球由地质较年轻的广泛平原构成。表面 70%地区覆盖着玄武岩和橘红色的赤铁矿。西北地区的塔尔西斯高地囊括了全球五大盾状火山。著名的水手谷位于南纬 2.96 度至南纬 19.09 度之间。几乎所有的地质活动均集中在北半球。南半球则是一个充满陨石坑和布满大量裂谷的古老高地，仅有少数火山活动痕迹。南北之间由明显的斜坡分隔，火山地形、众多峡谷穿插其间，两个半球之间相对高度达数千米落差。活跃的地质运动在30亿年前基本结束，没有可确认的板块运动。

金星的地形主要由两大高原群以及高地之间广阔的平原、裂谷构成，其中主要的山脉集中发育于北半球西北地区的伊师塔地，另外小部分集中于赤道附近的阿芙罗狄蒂地。两个高地之间的平原占了整个金星面积的一半以上。南半球地质较古老，分布着数量众多的小型火山和陨击坑。最大的热点主要集中在赤道以北半球西北地区。大约90%以上地表由玄武岩覆盖，地质年龄大部分在8-5亿年之间，全球布满此一时期形成的火山热点，估计达到10万到100万处。

地球表面的大约29.2%是由大陆和岛屿组成的陆地，3/4的陆地主要在北半球，全球近75%的大陆表面被沉积岩覆盖，剩余的70.8%被水覆盖，南半球占了3/4海洋。南极大陆全境为平均海拔2350米的大高原，是世界上平均海拔最高的洲，分东南极洲和西南极洲两部分；东南极洲面积较大，为一古老的地盾和准平原，通过对位于东南极的西福尔丘陵克拉通研究，发现该地区地质年龄分别为25.78亿到5.26亿年期间形成[刘晓春、赵越等]。

另外科学家已经获得了木卫一、木卫二、木卫三、木卫四、灶神星等一些信息，表明这些星球地形地貌同样受到后期重轰炸事件袭击影响。其中在木卫三上发现了太阳系最巨大的陨石坑，直径达 7800 千米。灶神星受到陨击后弹射的陨石到达地球为我们所获得，对这些陨石的深入研究后发现，早期的陨击事件能量异常巨大，使这些远离恒星的小天体在极早期时候已经形成了激烈的玄武岩喷发，并且有证据表明这些玄武岩事件与陨击有着密切联系，大部分火山活动均位于陨石坑边界地区，构造出具有环形山特征的山脉和玄武岩覆盖的平原。

比较这些星球的地形地貌具有如下几个主要特点：

质量最小的灶神星、月球、水星等在后期重轰炸事件结束后，仅在地壳表面形成了大量陨石坑和环形山，并没有进一步演化出自主的构造运动，它们的地形地貌动力基本来自于陨击和潮汐力。当失去了其中最大的撞击动能后，尽管潮汐力仍然存在，已经不足以帮助它们重新进入热地幔发育状态，这些星球基本进入固结阶段，即在很长一个时期内处于静止盖层，可能重新活化，也可能永久静止。

质量中等的火星在后期重轰炸事件结束后，在一段较长时间内自主发育得到发展，产生了具有较大规模的火山活动，并在北半球形成了一个高地和五座火山。

最大质量的金星得到进一步发展，首先在南半球南回归线以北到赤道附近形成了年代久远的阿芙诺迪忒高地，其后在北半球西北地区形成伊师塔地，发育出多座盾状火山，两个高地总面积约等于 3/4 个美洲大陆。地球在漫长的地质运动历史上，曾经多次出现很长时间阶段性静止盖层状态，最终能够活化完全得益于地幔发育过程中多期次贡献了足够的热能。这些迹象表明，类地星球从天文合成开始到太阳系后期重轰炸事件结束，长达十几亿年期间具有高度的相似性，而它们之间的分化体现星球的热活动活跃程度与质量成正比例，它们的岩石圈是否进入静止盖层关键在于地幔是否仍然能够产生充沛的热能供岩浆活动。

三、重建地球早期地形地貌

根据科学家对类地星球的研究，大部分地质运动都发生在 40-30 亿年期间。因此，对照这些星球的构造状态可以帮助我们重建这段时间的地球面貌。由于新太古末的全球克拉通化之后，地球的演化历史出现了一个漫长的寂静期，其间很少火山活动，缺乏重大的构造运动，大多数克拉通都是在太古宙形成的。这些克拉通在太古宙末的一个特定地质时期，形成全球规模的超级克拉通才有了与现今相类似的洋陆格局[翟明国]。因此，我们认为，前太古代地球的地形地貌形成后保持了一个相当漫长的时间，直到太古代末古元古代以后才经历多期次重大改造。

根据上述对类地星球同源性的统计以及人类对地球地质运动研究成果，我们推导出这一时期地球的地形地貌。

基于地球与金星高度相似性，我们怀疑早期地球的地貌与金星非常接近。根据地质年代特征，地球首先在南回归线以北到赤道附近形成了一个古老高地，由亚洲的印度半岛（33.6 亿年）、大洋洲的澳洲（44 亿年）、非洲的南非

（39 亿年）、津巴布韦（35 亿年）、南极（39.3 亿年）、南美洲（34 亿年）、中美洲（36 亿年）等古老陆核（可能是极早期的六座或多座盾状火山）组成，我们把它称为冈瓦纳高地；在稍后或同期北半球西北地区形成第二个高地，包括北美洲的加拿大地盾（42.8 亿年）、欧洲的格陵兰（38.3 亿年）、波罗的海（35 亿年）、西伯利亚（33 亿年）、亚洲的华北（36 亿年）等五个或多个盾状火山构成，我们称为劳亚高地。这两个原始高地均分布于南回归线以北北半球地区，成为后期南北半球两个主要大陆的基础，并通过拼贴扩大-分裂旋回逐步形成了现代七大洲，正是基于这种认识，我们认为确立这一时期地球的地形地貌洋陆结构分布具有重要意义。尽管对上述两个高地边界的划分并非精确，但是可以肯定直到该时期，地球仍然与其它类地星球一样处于固定式地质运动年代，显示至少到 30 亿年前，具有水平运动标志的板块运动仍未开启。

　　地学界有这样一个推测，历史上有两个前古陆可能曾经存在过，一个是 33-28 亿年期间的 Vaalbara--瓦巴拉大陆，另外一个 30-25 亿年期间的 Ur-乌尔大陆，关于这两个大陆的信息非常贫乏，但是基于哥白尼原理，参照类地星球的地质特征，我们认为极早期地球存在两个南北呼应的原始高地是可以确定的，尽管细节有待探明。至此，由 45.6-33 亿年期间形成的两个最原始大陆——北方冈瓦纳高地、南方劳亚高地，以及 33-28 亿年期间的 Vaalbara--瓦巴拉大陆，30-

25 亿年期间的 Ur-乌尔大陆，27-24 亿年期间的 Kenorland-肯诺兰古陆，19-15 亿年期间的 Columbia--哥伦比亚超大陆，13-8 亿年期间的 Rodinia-罗迪尼亚大陆，6-5.5 亿年期间的 Pannotia-潘诺西亚大陆，3 亿年期间 Pangaea-盘古大陆，这些古老大陆一起构成了地球完整的地质历史。

　　这两个高地的确认，代表了地球最原始的两个大陆板块的初始化状态，即地球大陆是在天文合成和太阳系后期重轰炸事件结束后由多个微地体（盾状火山）通过热隆拼贴形成的，换言之，大地构造的过程实质上是板块形成的过程，当垂直运动逐步发展演化出水平运动时，由垂直热隆的"板块构造"即逐步进化为水平漂移的"板块运动"，由两个高地进化为七个相互分解的大洲，这个结论可以调和大地构造与板块运动之间的动力学关系，体现了两者之间的同源性和发展继承性。

　　一直以来，不论是威尔逊旋回初始建立时的观点还是学术界对威尔逊旋回的理解都认为大陆旋回由裂解开始，逐步形成洋盆，最后洋盆收缩退化形成碰撞造山带。我们的研究结果显示刚好相反，大陆旋回由拼贴碰撞开始。对威尔逊旋回这点微小的修改可能对我们认识早期的构造运动、碰撞造山带带来一些新的启发，对后期洋中脊的形成以及陆内裂谷的发展演化前景同样可能具有参考价值。

　　根据火星、金星的地质特征，我们推测这一时期的地球同样形成了盆-谷-山组合地貌，经过强烈的热隆-伸展运动，在两个高地附近应该发育出一些巨大的裂谷群——可能与金星裂谷群规模相仿或更多更大，其余部分地壳由广阔的丘陵洋壳构成，辽阔多样性的平原上分布着数量众多的陨石坑和环形山（具体细节可以金星、火星地图作为蓝本填图）。与所有类地星球一样，这一时期地球上形成的两个高地以及盾状火山均由密度更大的玄武岩覆盖。基于我们认为原始海洋已经存在，这些隆起的地盾原组成了最古老的大陆，尽管可能与其它星球一样，这些大陆仍然未焊接，但是估计已经出露洋面很高很大面积，只有这样才能引起后续剧烈的风化活动，促使早期高地上这些高大的盾状火山被风化作用削平改造为地盾。如果这是事实，那么大陆的出现并非如目前某些学者认为的那样——"由于花岗岩是密度最低的岩石类型之一，随着厚度的增加，古老克拉通地壳会变得越来越有浮力，上升形成了大陆"。因为如果其它星球存在海洋，尽管它们的高地均由玄武岩构成，也能成为大陆。这些事实表明，大陆的出现与岩石圈密度（浮力）大小无关，而与结晶基地的厚度有关。当热熔的物质随着热能释放向上生长时，冷却形成结晶，地壳得到加厚，副地区伸展减薄，随着两者相对高度不断扩大，陆地将从洋壳处出露成为岛屿，并逐渐扩大成为大陆。当陆壳规模不断扩大，超出了下伏熔岩的承载力时，将通过拆沉减重降低高度或停止生长，反过来迫使下伏热熔物质向陆核边缘流变，寻找新的突破口喷发形成第二热点热隆，这种热能-膨胀-冷却-隆升-塌陷-流变以及重力-浮力之间自足平衡的约束是构造出原始洋陆结构的动力学根源。

由于整个太阳系其他类地星球均缺乏广泛的风化作用，因此它们得以保留这一代玄武质地壳，这些星球的地表大部分不少于70%的面积，有些高达90%的表面面积均由这些早期及后期喷发的玄武岩覆盖。而地球由于富含水圈以及具有氧化活性的大气圈，能够对早期地壳进行深刻的改造。被抽取了玄武质成分的相对难熔的亏损地幔则形成了拥有巨厚结晶基地的片麻岩、花岗岩克拉通核，并且在第一代玄武岩地壳被风化剥蚀搬运到地槽区形成巨厚沉积层后，得以裸露成为第二代地壳，而缺乏结晶基底的新生地壳——大洋洋壳则仍然由玄武质地壳构成。

基于与火星、金星不同的是，地球存在强烈的风化作用。根据物质守恒定律，我们建议，在这一时期形成的沉积物总量应相当于该时期地壳风化物的总量，这一恒等关系可以帮助我们重建该时期地球洋陆构造和地盾-盾状火山的规模。

通过比较行星学，我们相信在这一时期地球地貌特征已经与其它类地星球产生分化，其中最主要有如下几方面表现值得深入探讨。

1、这两个高地的存在，表明在天文合成与太阳系后期重轰炸时期，地球泛古陆的雏形已经具备。并且构成这两个古老地盾群的陆核包含了后期七大洲的核心部分，这对于我们认识地球构造运动的延续性和继承性具有重要意义。从这一时期金星、火星、地球高地的分布整体看，并没有太多的区别，盾状火山之间由低地分隔，这些低地可以类比于地槽区。问题是地球上这些盾状火山被风化剥落后，沉积物搬运到陆缘或地槽区后是通过什么方式返回深部重熔的。这些沉积物又是通过什么途径帮助金属汇聚成矿的。从地质考古情况来看，早太古代的矿藏大部分以层状结构为主，是否表明岩石圈曾经多期次热隆-冷凝结晶-再热隆-再冷凝结晶？如果这一时期地球和另外两个大行星地质运动上没有根本区别，那么这些沉积物可能是通过地槽的裂谷深度拉张塌陷进入下地壳或地幔，这种垂直升降运动是否能够帮助这些沉积物形成蛇绿岩混杂岩套？根据地球科学研究结果表明，大量绿岩带深度都不超过 10Km[李江海等]，这种深度完全由机会由伸展运动引起的深断裂构造方式造成。

2、鉴于地球两个高地的面积规模及盾状火山的数量，我们怀疑，地球的热隆-伸展活动似乎要比其它星球更早发生，并且更激烈，牵涉的范围更广。可能缘于我们对其它星球仅仅具备粗糙的认识，对这些星球更早期的岩石未有捕获，也可能是这些早期岩石被灰化的地表物质或玄武岩所覆盖，我们仅能辨认出月球、水星、火星的地质运动发生在 40-30 亿年期间，金星由于受到地球寒武纪同期新玄武岩的覆盖，未发现远古的岩石。而地球已知的古老岩石位于西澳，达 44 亿年，另外一处发现于加拿大地盾区达 42.8 亿年。两个最古老陆核分别建造于南北两个大陆，可能给我们某种启示，表明在极早期的地球已经存在两个或以上重大的热点，并且拥有活跃的构造运动。由于地球拥有比金星、火星更大的质量，巨大的万有引力约束了盾状火山的高度，使这一时期地球的盾状火山高度小于火星，但是盾状高地的基底面积要远远大于金星和火星，这与我们上述的模型非常吻合。基于这两个地盾最终扩展成为两个独立的大洲，我们有理由怀疑这是地球最早的具有自主特征的热对流事件，造成岩石圈下地壳热熔物质底侵-拆沉-再底侵-结晶-加厚-热隆-风化-折返。这种自主地质运动显然与陨击造成的玄武岩活动具有本质上的区别。我们可以通过分析得出这个结论。据观察研究所得，陨击事件引发的玄武岩活动多发生在环形山边缘带，整体上呈现周边高中央凹陷，而古老台地则刚好相反，呈现中央高地向周边下降。环形山溢出的玄武岩往往向低地包括陨坑中心堆填，而高地的玄武岩则向周边覆盖。陨击造成的环形山不具备由伸展活动造成的地槽区，热隆引起的高地将进一步造成边界拉伸陷落，发育出裂谷，形成盆-谷-山构造。由此我们认为，地球的自主构造运动从一开始已经展开，比其它类地星球拥有更悠久历史，为地壳固化、地幔发育、水圈、大气圈的出现以及生命起源创造了更有利条件。

　　3、基于火星、金星、地球三大行星均发育出盾状火山，而后期地球盾状火山群全部被剥离，为研究地球地槽区巨厚沉积层的构建指示了物质来源，并且为沉积物转化为变质岩、片麻岩和大陆边界的蛇绿混杂岩起源给出时空约束。三大行星这些极早期的盾状火山风化程度的分化，可能预示着地球比金星、火星更早拥有更大规模的海洋，因此我们不认同地球的水来源于后期重轰炸的陨击或彗星，因为同一个事件不应该造成仅地球获得海洋而金星、火星反而失去海洋。这些地质现象暗示地球的海洋是在天文合成过程中已经存在，后期重轰炸事件反而令金星、火星等失去了原始海洋和其它挥发分，而地球由于拥有足够大的引力得以保留这些轻物质。而这些巨量的海洋可能为地球与其它星球向不同方向演化提供了不一样的条件。

4、由于两个古老高地分别分裂成后期七大洲核心，在这一时期，上述十个陆核之间存在类似于火星、金星盾状火山群之间的低地，这些低地类似地球的地槽区，这些地槽的热隆是焊接这些盾状高地的途径，其热隆-伸展机制可以等同于太古代直到古元古代主要的构造方式，因此，它们由垂直运动衍生出水平运动的时机，成为板块运动启动的窗口，而这个过程经历了陆地由固定相转化为活动相的渐变到突变。

5、对于在太古代已经出现面积较大的大陆在学术界是有普遍共识的，但是有部分学者把这一时期的大陆称为超级大陆或超大陆，我们认为不是很恰当，这种称谓可能具有误导性，不利于重建该时期大陆架构。根据地质资料显示，太古代出露洋面的大陆面积只有现代大陆面积不到十分之一，可能比哥伦比亚大陆或罗迪尼亚大陆小，因此我们建议把太古代大陆称为前古大陆或直接以重要地层剖面命名为宜。

四、地球构造运动与其它类地星球的分化过程及成因。

月球质量的局限性使它的月核物质未充分热熔分异，即使达到火星这样的质量，其引力势可能也未足以使火星核得到充分分异，因此这些星球的核心可能与金星、地球的核心不一样，它们不是由很高密度的铁镍构成，而是混合了一部分轻元素或挥发性物质，造成其密度降低，这将约束这些星球产生磁场的能力。水星之所以拥有较强的磁场，可能得益于天文合成过程中更多的铁镍比例，以及它的轨道位置和较高的偏心率，使它获得较多的热能和较大的潮汐力。我们推测，地球的板块运动与生物进化一样，从一开始即具有明确的渐变过程和脉冲突变性。每一次突变过后都会出现一个较长时间的稳定期，因此把握好地质史上几次重大的构造事件，可以更清晰地理顺其金钉子断代位置以及间歇性周期的演化规律，有助于探明核幔圈、岩石圈、水圈、大气圈、生物圈与人圈之间协同进化的关系，使地球板块学、大陆构造学、地震学、冰川学、生物学等的研究可以糅合到整个地球系统学范畴。

尽管类地星球同源性暗示其它星球在天文合成过程中拥有水圈和大气圈，但是它们的演化可能在后期重轰炸事件中已经向不同方向分化。从已经掌握的数据来看，整个太阳系几乎所有星球都拥有或多或少的大气和水分，但是除地球拥有氧化性大气圈外，其余星球均为还原性大气。其中重要的原因可能是原始星云中含有较高比例的碳氢化合物，碳氢化合物沸点、熔点都很低，非常容易气化，因此整个太阳系行星卫星的大气层中甲烷比例较高，其次是氨、二氧化碳等。碳水化合物较易与其它化学成分发生反应生成碳酸盐，因此较少机会可以在其它星球中发现碳水化合物。其中，火星稀薄的大气中二氧化碳占 95.3%，金星浓密的大气层主要由气态的硫酸雾、少量的氮气和二氧化碳组成，二氧化碳占 96%，天王星、海王星大气除了主要的氢和氦之外，其余主要由甲烷、氨和少量水汽构成，整个太阳系主要的卫星，除土卫六大气含有丰富的氮以外，木星、土星、海王星、天王星的卫星都拥有大气层，其大气成分大部分由甲烷、乙烷和二氧化碳、水汽等组成。这些行星、卫星中拥有液态海洋、冰原、结晶水和大气显示，即使没有发生过激烈的地质运动，没有经过明确的脱气脱水过程，不影响星球存在水和大气，可能是天文合成过程中由构成星球的基本组分先天带来并经历撞击时释放的结果。

由于金星内部挥发分含量比地球少，相反其地壳厚度可能大于地球，使得金星下地壳地幔熔岩比地球更黏稠，流动性更差，其流动距离受到了限制，更难在地幔层形成更大范围的流变，难以形成广阔的大熔岩省，但是相反金星全球表面温度平均达到 460 度，大气压力是地球 92 倍，全球均处于高温高压环境，加上它只有 3.4 度的倾角使它没有冷热带，熔岩溢出后没有办法很快冷却，而是流动很远距离，使它的地幔热能主要通过表面熔岩的流动过程被消耗，地幔垂直动量没有办法转化为水平动力。而地球内部含有大量的挥发分，尤其拥有全球性的水圈，其下地壳地幔物质热熔条件更低，流动性更好，更容易大范围热熔流变，和其他类地行星比可以发育更大更多的熔岩省，相反地球表面平均温度只有 15 度，倾角是 23 度，全球分成几个冷热带，地壳大部分面积被海洋包围，因此它的熔岩由地幔溢出后很快冷凝固化，使它的垂直能量没有被消耗反而被禁闭在地幔内部，转化为推动岩石圈水平移动的动量。

据研究发现，金星地表的熔岩流动性很好，可以由源头一直流动数百数千千米，因此它的表面大约 90%由玄武岩覆盖，使它的地表始终处于"叠牌式"的动态变化之中——由某处下地壳地幔物质热熔流变到"窗口"溢出，形成高原火山，副地区减薄后形成平原洼地，经由地表熔岩重新覆盖补偿加厚，这个过程造成金星的物质循环从内部减薄从外部加厚，周而复始，因此，金星地壳普遍比地球更厚更坚硬。例如，金星上两大高原台地——伊师塔地和阿芙洛狄忒地之间被广阔的平原分隔，由于两大高地溢出的玄武岩不断流动覆盖到这些平原地区，使这些平原地壳时而减薄，时而得到补充加厚，没有办法在低地洼地处形成拉张环境。地球由于表面被海洋覆盖，表面温度低，熔岩溢出后很快冷却使地壳始终处于固化状态，既可以持续加厚也可以持续减薄。

当两侧地台处于挤压环境时，内洋壳的地槽区持续缩短隆起，地槽区将逐步演变成地缝线，使地台得以连接成广泛大陆，地缝线转变成断层边界；同时外洋壳的大洋区则持续处于拉张环境不断减薄，下地壳物质减压热熔，莫霍界面逐步抬升，带动地幔熔岩得以形成岩墙沿裂谷喷发形成带状构造演变成洋中脊，令地球洋脊区始终处于高热流值环境。正是存在这样的差异，使金星的裂谷仅仅位于高原台地区域而不能在低地形成，这样的裂谷是基于被动拉张塌陷形成，不论是金星或是火星等其他类地星球的裂谷都缺乏持续的热环境，没有在裂谷带形成放热的构造运动，也就不可能形成全球性主动断层边界，而地球的裂谷可以在洋壳处生成并且最终连接成为全球性高热流构造带，而这也正是为什么地球的洋脊全部总是在洋壳区生成的原因。

由于地球早期地幔熔岩省未足以承托巨大的大陆台地，而且下地壳温度比现代更高，与其它星球比更容易发生拆沉减重，这个过程同时加剧了地壳伸展，可能帮助地球更早产生板块构造。

根据这些类地星球的实际情况，我们认定，地幔软流圈并非从星球形成起已经存在。从 46 亿年前太阳系形成开始，到后期重轰炸事件结束，所有类地星球的热能一部分来源于天文合成的引力势，而其中最重要的来源是重轰炸过程获得的动量转化。这些外力非常猛烈而短暂，迅速升高的温度大部分集结在地壳层，从而引起了下地壳部分低温易熔物质热熔形成玄武岩喷发。由于地球质量巨大，其自身天文合成阶段的重力势超出其他几个类地星球，所受到的陨击显然也特别激烈，因此在相同的时间内，地球温度上升更快，下地壳温度超过了玄武岩形成的临界线，造成在这次事件中得以形成科马提岩。通过这种激烈的喷发行为，这些短暂而猛烈的热能得到及时释放，星球迅速降温。也是因为这样的原因地球此后再难形成科马提岩。这样的结果造成地幔缺乏足够的时间热熔相变，到这一事件结束后，所有类地星球仅在北半球形成数量极其有限的几个巨大热点，表明直到此时地幔仍然未发育出全球性软流层。后来的演化结果显示，地幔软流层的形成需要经过漫长时间缓慢而持续的热熔流变才能逐步实现，而整个过程存在一个由北向南发展演化的趋势，但是这样一个过程并不是所有的类地星球都可以完成，整个太阳系可能只有金星和地球得以实现。火星虽然在重轰炸事件结束后仍然有过轻度的地质运动，但是，几个主要高地盾状火山的激烈喷发，使火星产生的热能仅能支持局部地区的热点形成，事实上其地幔最终没有发育成熟，因此火星与板块运动失之交臂。整个太阳系只有地球仍然保持活跃的构造运动，并且进化成全球性板块运动。

通过对这些星球早期地质现象的分析，我们得出，它们分化的最大区别在于地幔发育程度的不同，地质运动本质上是地壳对地幔发育成熟不同程度引起热能释放的一连串响应。水星、月球等小质量天体在释放了由天文合成和后期重轰炸事件中得到的热能后即进入地幔固结状态；得益于质量更大的优势，火星在事件结束后得到进一步演化，形成了自主发育的高地火山；金星在早期形成高原火山之后经过二十多亿年自主发育，在8-5亿年期间实现了更大规模的火山活动。尽管这样，这些星球并没有进化出板块运动，它们的地质特征仍然处于固定状态，只有地球经历多期次突变后，构造方式逐步复杂化、多元化，由单一的热隆-伸展发展到热隆-伸展加上剪切、旋转、碰撞、褶皱、俯冲，由固定型逐步发展到活动型。经过二十多亿年热熔流变后，由太古代南回归线以北北半球局部地区的热点，逐步扩大到元古代半球、古生代全球软流圈，最终进化出现代板块运动。陆地面积由孤立的两个高地，逐步汇聚碰撞连通，在赤道附近形成第一代前古大陆，然后经历新太古代前古陆、元古代肯诺兰古陆、哥伦比亚古陆的碰撞-分裂旋回，每一次旋回大陆面积都得到进一步扩大。随着地幔热熔范围由北向南扩展，驱动南方古陆缓慢向南漂移抵达南极圈。

晚元古代震旦系时期(8-7亿年前)北方地层表现为只有不变质或轻度变质的沉积岩，说明该时期北方地质运动并不活跃，缺乏激烈的热事件，很少火山痕迹，相反南方大陆拥有较大量火山碎屑岩，并且大部分地区存在冰碛岩，表明原来位于南回归线至赤道区的南方大陆已经漂移到南极高纬度地区，这些现象吻合我们认为地幔热熔正由北向南转移的动态模型。进入晚元古代（6.8-6.1亿年），南北古陆向南北回归线区折返重新汇聚，古生代再一次分裂形成现代体制。经过数次旋回得以扩大形成当今洋陆格局。正是基于地球天文合成及后期重轰炸事件造成的半球分异，使活跃热点由北半球逐步向南发展，制约了地球构造运动演化模式。

探讨其早期成因可能由如下几方面因素造成。

1、天文合成过程及后期重轰炸事件赋予地球最大的质量

赋予星球热能的因素主要包括内部因素和外部因素两方面，外部因素包括潮汐力与撞击事件。其中潮汐力实际上是万有引力的一种发现方式，根据万有引力定律，其作用力大小与距离平方成反比，因此它对于星球的影响力随距离增加而减少，换言之，潮汐力影响最大是表面的海洋，对地壳作用力次之，对地幔的影响力已经表现不明显，对地核几乎不起作用。除了我们可以在地球上直观看到这种表现外，我们可以通过研究木星的几颗伽利略卫星了解更多。这几颗卫星受到木星潮汐力作用，水圈以及冰层受到的作用力，冰层发生破裂形成形形色色的沟槽，水圈受到潮汐力作用从裂缝中喷出形成羽状喷流。水星受到太阳潮汐力作用地壳产生起伏形成褶皱脊状突起。根据类地星球总体演化程度分析，在天文合成和后期重轰炸期间，所有的类地星球均受到潮汐力和陨击事件影响，这种外部力量对地壳的作用力较大，我们认为，这一时期这些星球的热熔均仅局限于地壳浅部——中地壳或下地壳，造成所有类地星球浅层部位低熔点壳源物质热熔释出喷发，这是这一时期形成大量玄武岩的根本原因。这时候所有类地星球的地幔、地核均未达到热熔的条件，没有

发生来自深部的热对流，地幔仅形成极小范围和规模的热点。其中灶神星、月球、水星自始至终地幔和地核可能都没有完全热熔分层，这几颗星球可能没有发生过内部结构与外部结构明确的较差自转，使得它们磁场强度较低。尽管火星的质量稍微大一些，但是从其热点表现来看，火星的热能可能也仅仅来自下地壳而没有达到地幔圈。

研究表明地壳的运动方式、规模均受制于内部热能的总量、规模以及源区深度。正如恒星太阳，所有的核聚变仅仅局限于太阳核心一个有限的极度高温高压区域，离开这个区域就不能发生核聚变，而没有核聚变就不会有太阳能一样，星球没有来自内部的热对流就难以发生地壳的水平运动。

我们分析结果给出一个对热隆-伸展造成的裂谷与地幔上升造成的洋中脊动力学解释——由热隆-伸展构造出的裂谷仅局限于地壳表层由上到下塌陷断裂，是壳源物质由裂谷区向隆起区热熔流变的结果；洋中脊的形成则是由地幔热柱上升引起地壳由下到上张裂扩张造成，是幔源物质热熔流变向上释放的结果。

我们认为早期类地星球的构造运动全部发生于浅层地壳，由天文合成和后期重轰炸提供能量约束，在这样的条件下不能形成以水平运动为表现形式的板块运动。

由于地幔地核的热能来自深部，其容量大，热熔时间长，在形成的过程中大部分热能被围岩吸收平滑化，因此需要一个更漫长的时间热熔流变。潮汐力与陨击对核幔圈几乎不起

作用，这些来自深部的热能主要由星球自身的内部因素贡献
——巨大的质量赋予的引力势和长周期放射性元素衰变提供，
这个过程缓慢而漫长。

在地球整个演化历史上，当后期重轰炸事件结束后，即
进入自主发育阶段。从30亿年前到25亿年前，经过5亿年
时间的积累，实现了一次爆发，表现为阜平运动。这一时期
地壳运动主要表现为缓慢的升降，形成稳定的浅海沉积[赵
运伦]。体现了晚太古代-早元古代交替时期原陆核抬升扩大，
地槽区隆起形成广泛的陆棚，为吕梁运动时期南北两个高地
分散的微陆块台地焊接形成前古陆奠定了基础。

从整体上看，早元古代地质运动仍然延续太古代的热隆
-伸展方式为主，火山活动并不活跃，而以浅海、滨海沉积
盖层为主。据对五台地区整体数据统计分析，得出该地区早
元古代为地堑式裂陷海槽，形成丰富浅海沉积，后期遭挤压
隆起[苗培森等]。表明发生在25亿年前的五台运动，其热
能释放仅为轻量级，符合地幔自主发育初级阶段的动态模型，
而同期其它类地星球均处于沉寂状态，预示着晚太古代开始
地球的演化已经与其它星球发生重大分化。

这次爆发的热能释放后地球迎来了第一个有地质记录的
休伦冰河事件，然后进入休眠期；大约5亿年后，到了
19.5亿前，第二次大爆发，表现为吕梁运动，热能被释放
后再一次进入休整期；一直到10亿年前再一次爆发，再过
渡到5.7亿年前的寒武纪大爆发。这几次重大的地质事件，

均来自于内部垂直热对流，每一次事件均造成局部地壳热隆加厚、结晶、扩大，客观上造成软流圈热熔腔的扩容，由垂直动量转化为水平动量，促使地壳逐步扩大水平运动的距离和规模，地球的热运动由早期浅部的中地壳-下地壳，逐步过渡到深部的上地幔-下地幔。由局部地区的热点逐步扩大到大熔岩省，到半球，最后发展到全球。由于幔源物质的加入以及热隆-伸展的深断裂造成沉积物回流深部重熔，这个过程使花岗岩得以大规模的形成，而这一点只有拥有最巨大质量的地球能够最终实现。

过去受制于人类研究工具和手段等条件，科学家对地质运动的研究总体上着眼于地表，因此对静止盖层了解得相对较多，但是盖层仅仅是表象而非本质，我们需要透过表象看本质，只有了解了来自深部地幔的信息我们才能够准确把握地壳运动的动力机制。因此我们认为需要由对盖层的重点研究转为对核幔圈为重点研究对象，建立一个地幔动态演化的基准模型，实现构造学研究历史的一次突破。

2、陨击过程获得更多的动量转化，初始化温度梯度更高，主要证据来自于科马提岩的形成。这种岩石需要一个比玄武岩、花岗岩更高的热力梯度，即使在地球也只有极少数热点得以形成。这种独特的阶段性现象表明，该时期的垂直运动优于水平运动，其成因可能来源于地球的重力收缩加密以及长周期放射性元素开始发挥重要作用。这一事件同时表明，该时期地球短暂的内能可能比早期更高，说明地球的内热并非总是持续下降，而是存在过反复。总体而言，地球演化的三个不同时期经历了快速升温、快速放热——快速降温、快速冷却——缓慢升温、脉冲式放热的过程。这种独特的热储备-热释放循环周期直接导致了地质运动必然具有脉冲式和间隙性的特点。

3、充沛水圈的作用非常重要，热熔条件下降，水从裂谷侵入深部，熔岩流动性增加。金星上的熔岩流在地表可以流动非常远的距离，最远可达 7000 千米，这在地球上是不可思议的，表明金星表面温度高，熔岩冷却时间非常缓慢，这可能是它不能形成板块运动的其中一个重要原因。金星的火山热点呈现全球性散点分布，而且数量可能是地球火山热点数百倍。地球的火山热点呈线状分布，孤立的热点数量极其有限。考虑到早期的地球与金星一样存在一个还原性大气圈，可能使地球表面温度要远远高于现代，这种高温大气至少阻止了早期地球出现冰河，但是可能同时也影响了地壳冷却速度。直到元古代氧化性大气形成，地壳温度下降并且在24-21 亿年期间出现了有地质纪录的冰河事件，一种类似于现代板块运动的新形式短暂出现，可能是现代板块运动一个至关重要的转折期。目前，科学家把高压低温条件下形成的榴辉石作为板片冷俯冲的唯一途径，我们认为值得探讨。这些榴辉石很多都是发现在 25 亿年到 18 亿年期间硅酸盐的捕虏体中，在这个特殊的时期，全球正处于有记录的最大的休伦冰河时期，巨大厚重的冰川蔓延至赤道附近。这时期冰冻的海洋环境必定约束地壳的运动和火山爆发，这样条件是否仍然能够产生板块俯冲值得商榷，但是当巨厚的冰川移动时，同样能对地槽区沉积物产生高压低温环境使之被硅酸盐掩埋捕房，并在随后的构造运动中进入深部。当然，巨大的盖层融化后地壳产生降压反弹也可能出现降压热熔事件，因此，我们不能完全确定榴辉石的发现必定代表了板块俯冲的存在。另一方面，一种被称为科马提岩的超镁铁质熔岩开始从岩石记录中消失，表明地温梯度下降。持续伸展减薄，水圈使裂谷冷却成为断层边界，高温使断层边界重熔混沌，这些因素可能导致该时期构造方式的反复多变。

4、地球具有更大的自转角动量、倾角和内能以及低阻力滑脱面

灶神星、木卫二等、月球、水星、内外温度都比不上大质量行星，这些星球仅能够依赖外力形成环形山。火星内外温度比不上金星、地球，虽然拥有冷却的外壳，却缺乏大范围的热熔，火星的岩浆仅能够沿熔岩通道释放，形成塔尔西斯高地，失去外部因素的支撑后自身热能产生的速度仅能维持局部热点的发育，不具备漂移的条件；金星内部温度比不上地球，但是外部温度更高，内外温差小，幔壳界面混沌，很难形成清晰的断层边界，过大的幔壳耦合力和过小的自转角动量使金星很难产生足够的水平动量。地球在地壳热隆加厚的同时，软流圈物质相变形成低阻力滑脱面，局部地区的热隆抬升进一步造斜引起重力滑移，这种情况下即使不需要

额外巨大的水平动量也能够产生类似于雪崩一样的自重力垮塌现象，形成板块运动。

我们从比较行星学角度探索地球构造运动的演化，能够更好地认清为什么板块构造早期和晚期在地表的记录存在显著差异？因此可以推断，基于上述这些地球独有的优势，可能帮助地球在新太古代晚期已经启动了具有全球联动的板块俯冲系统，正是由于全球性的板块俯冲作用，才导致了哥伦比亚大陆的汇聚，从而可以更合理地解释地幔在古元古代开始加速冷却等重大变革性事件。[万博等]

五：结论

终上所述，太阳系类地星球具有整体的同源性，在天文合成到后期重轰炸时期，这些星球的初级同源性体现在全球性陨石坑和环形山，引发覆盖面广的玄武岩喷发事件；高级同源性，发育出相似的高原台地和盾状火山，并且具有各天体同性的"半球分异"现象。由于存在轨道等初始化条件以及质量等局部地区的差异性，地球由初期的玄武岩发展到后期更高温度的科马提岩，从易熔的化学组分提取热熔形成玄武岩到难熔物质组分重熔的花岗岩，显示出地球与其他类地星球分化逐步扩大，拥有更多热点和更高温度，帮助热点由点到面，由地壳到地幔，由局部地区差异扩大到大熔岩省，到半球到最终形成全球性软流圈。关键的节点是产生热能的速度与散热速度，通过物质的热传导要么被围岩吸收，要么使围岩热熔，猛烈而短暂的热能会以火山喷发形式释放，缓慢而有效的热能可以促使地幔热熔流变逐步扩大热熔范围。在这个过程中，由固定热点的热隆-伸展形成盆-山-谷的初级阶段，发展到大熔岩省、半球的泛古陆分裂-拼贴旋回，出现脉冲式短距离小范围的漂移、碰撞，到全球性软流圈形成持续性的远距离活动漂移、大规模碰撞、深俯冲的现代板块运动。期间多期次发生重大的地质事件，是构造运动方式发生突变的契机，缓慢累积的热能和应力的瞬间释放。正如美国德克萨斯州大学地球科学系教授 Robert (Bob) J. Stern 认为的那样，地球的构造运动形式是逐步发展的，在太古代存在一种特别的构造，它可以把地表物质深循环到地幔并形成弧岩浆，但是它的驱动力不是岩石圈负浮力也不是板块俯冲。20-18 亿年期间出现一种新的类似现代板块运动，但是仍然没有出现深俯冲，而且很快结束进入静止期。大量水和沉积物进入炽热地幔导致大规模岩浆喷发活动。地幔深部在大约 19.5 亿年起出现一种与现代板块类似的类型，到新元古代具有可持续的、具有深俯冲和板片拖曳等现代特征的板块运动才最终形成[牛耀龄]。

我们建议，可以确立应用以垂直运动为主要表现特征的固定论解释其它类地星球的构造运动，地球的地质运动则是一个由固定到活动再回归固定的一个独特模式，因此必须结合一个初级的以垂直运动为主的固定阶段到高级的糅合了垂直运动和水平运动的活动阶段，随着地幔产生热能的能力下降，最终进入逐步固结的晚期，在未来某个最后阶段，水平运动将在不同局域逐渐停止，地壳演变成静止盖层，重新进入永久静止盖层阶段，在这种状态下垂直运动仍然能够维持相当长的一段时间。

我们认为以垂直运动为主要特征的热隆-伸展确定为类地星球地质运动的最主要方式，这种方式伴随着星球一生，相反，板块运动仅仅是个别条件独特的大行星在极其短暂的时期内出现的一种地质运动方式。可以确定——地球的板块运动是逐步发展起来的阶段性产物，并在不久的将来必然结束。

四、以统一的动力学机制建立全球板块构造三级分类体系

1996 年 8 月在北京召开的第 30 届国际地质大会上，国际岩石圈委员会前主席、美国休斯顿大学教授 K. 伯克在《大陆动力学进展》报告中指出，由于大陆地质构造的特殊性，板块构造理论存在明显的局限性，必须冲出原理论模式，从地球整体背景从新认识大陆的运动及其历史过程。随着越来越多外星系的发现，对我们进一步认识地球带来了新机遇，这些新成果告诉我们，如果不从一个整体的太阳系行星系统角度出发，就不可能得到一个地球演变历史的正确认识，如果我们不从一个动态的发展演化的角度来研究地球，就不可能得到一个对板块运动的正确认识。透过系统理论和行星学，比较类地星球的发展变化，我们认识到地幔的发育是随着时间而改变的，我们把类地星球地幔的发育分为四种基本类型，一种称为混沌地幔，一种称为生地幔，一种称为熟地幔，一种称为固结地幔。判断地幔处于何种状态，主要依据两个方面，第一，幔壳之间是否已经形成了全球性软流圈，否则即使幔壳间存在不同震波，如果仅具大范围的热熔区划而非全球性的，不能认定地幔已经成熟。第二，即使地幔处于热熔状态，但地幔熔流从未实现过全球范围内"持续"流动的，我们把它分入生地幔范畴。只有形成了全球性软流圈，并且具有"持续性"特征，能够长时间在全球范围内流动，才能

称为熟地幔。当地幔发育进入老化期，不论是何种星球，最终将失去活力，地幔与地壳固结在一起，形成静止盖层。

研究表明天体的热运动方式可以分为三种，一种是垂直运动，一种是水平运动，还有一种同时兼具垂直和水平两种运动方向的，称为环流。根据不同的运动方向环流又分为两种，一种是水平方向的，在星球表面运动，另外一种是垂向的，是星球内外能量交换的主要方式。

一直以来，学术界按照地壳运动的方向把垂直运动称为造陆运动，把水平运动称为造山运动。从太阳系行星系统角度考虑，这种表达并不合适。在水星、金星、火星、月球上并不存在水平运动，但是，太阳系很多著名的巨型山脉都是在这些星球发现的，其中太阳系最高的山峰并不在地球上。这已经充分说明，垂直运动既是造陆运动也是造山运动。同样地，在地球上当两个板块发生挤压、碰撞和俯冲时，在造成褶皱山脉的同时也可以构造出岛屿、大陆架，使地槽区隆起成为陆地。尤其是寒武纪时期现代板块运动开启才最终使大范围边缘地槽抬升成为大陆，因此水平运动在造山的同时也可以造陆。我们认为，宇宙内既没有纯粹的垂直运动，也不存在纯粹的水平运动，这两种运动方式是相辅相成的，在某种条件下是可以相互转化的。由于星球的表面积是有限的，物质总量是有限的，当某些地区隆起加厚时，某个对应地区必定会拉伸减薄，这将造成垂直运动和水平运动之间的转化，客观上造就出盆-山构造，如果这样的星球存在大量的海水时，将演变成我们所认识的陆地和海洋。理解和接受这一点，对于我们研究地球的地质运动具有非常重要的意义。

根据太阳系行星系统的冷起源这一前提以及科学家对类地星球的研究成果，我们得出结论，这些星球的地幔发育目前分别处于四种不同状态。在太阳系，灶神星、月球、水星早期的幔壳间一度处于热熔状态，探测发现这几个星球的热点仅在很小范围内存在，并且历史上的火山运动主要依赖外部力量撞击诱发，大约30亿年前这些星球的幔、壳可能已经处于固结状态。火星虽然出现过短暂的热熔区，并在太阳系后期重轰炸事件结束后仍然发育过一段时间，并且形成了自发性造山运动，但是地幔圈并没有形成全球性持续流动，同时由于其在极短时间内地幔热能通过火山活动大量流失，流失后并没有再度深度发育，我们称火星地幔为生地幔。只有金星、地球实现了全球范围内持续长时间流转，属于熟地幔。根据这个动态理论，我们认为幔壳间的莫霍界面并不是在星球形成之初就已经存在的，它是地幔发育逐步成熟过程中发展起来的，随着地幔发育程度不同，莫霍界面在不断变化，当星球地幔进入固结阶段后，莫霍界面可能会消失。

上述几种发育程度不同的地幔伴随着星球一生的热运动，对星球的构造运动和地形地貌产生着深远影响。从历史演变结果来看，这些类地星球的热运动方式、地质运动和地表演化在三个不同时间段具有非常明显的区别，并且三者之间存在正相关。

第一阶段：从45.6亿年开始到30亿年前，类地星球经历了两个重大事件，其一是天文合成，其二是太阳系后期重轰炸事件，这两个事件决定了这些星球在早期阶段的地质运动并最终导致了类地星球构造的分化。

在天文合成阶段，当原始星云进入流体旋涡时，整个星云向内收缩，氢、氦气流带动宇宙尘埃作径向低速移动，不同密度的物质经离心分离和重力分异沉降到不同轨道，铁镍镁铝等重金属物构成内圈，中间层则以以及硅酸盐等化合物为主，外层由水冰、气体冰冻物质构成的"三明治环"不断滚动、碰撞，由于结构松散，粘度大，移动速度慢，碰撞的动量低，使它们的质量增长比原来理论推理的更快。直径达到数百千米后万有引力开始吸积并促使星球变成球形，这种结构使星球形成定轴自转并逐步稳定在某个轨道上，通过合并、吸积，清空轨道物质。在内行星轨道范围内，由于空间狭窄，"寡头星子"很容易吸积轨道附近的小天体以至这些行星较难存在卫星（这个结论支持月球捕获说）。

基于这些星子是由"三明治"聚合而成的，它们的初始状态已经具备粗放型三层结构，这种结构是混沌的，由分形物质构成，还没有形成莫霍界面和古登堡界面，因此核、幔、壳不同圈层都拥有金属物、化合物和冰冻物质。行星在形成过程中不断增加密度，引力势转化为热能，天体碰撞合并的动能也转化为热能，这些能量在不同深度形成不同的温度梯度和压力梯度，在温度仅零度以上开始，地壳浅部的水冰和气体冰已经逐步融化、沸腾、升华，（土卫六的甲烷冰、氮气在-180度状态下已经呈气态和液态循环）大量的挥发分使早期地壳物质可以在较低的条件下热熔，更容易形成玄武岩喷发。经过一个时期重力分异后，星球初步实现了脱水、脱气。按照冷星球"三明治"形成模型，我们相信类地星球以及一些大质量卫星在形成时只需要很低条件已经存在水圈和大气圈。水圈的降温作用使这一时期形成了固化的岩石地壳。由于不需要经历热熔状态，我们的模型可以很好地解释在遥远且异常寒冷的木星、土星等外行星系统，它们的卫星不论质量大、小，距离主行星近、远，历史上无论是它们的引力势，还是放射性衰变，或者它们的轨道位置都不可能提供岩石热熔的条件，这些卫星仍然无一例外地形成以硅酸盐为内核，冰冻物质为外壳的统一模式。

灶神星密度3.4g/cm³，比木卫二密度稍大。除了木卫二表面拥有水圈外，两个星球的基本组分是一样的。灶神星直径只有525千米，仅木卫二直径六分之一，灶神星质量为$2.67×10^{20}$kg，还不到木卫二的1%。根据科学家对来自灶神星的陨石的研究，可以确定，在45.6亿年前太阳系形成初期，灶神星已经拥有热熔的玄武岩，为什么木卫二没有形成玄武岩喷发灶神星反而发生了呢？按照灶神星所处的轨道位置，以这样的质量无论是引力势或放射性衰变，都无法使它的岩石能够产生热熔，并且它所处的轨道也没有能够产生巨大潮汐力的星球。根据在地球上收集到的灶神星陨石发现，无一例外均与撞击事件有关。显然造成它的玄武岩形成的热能来源并非自身的因素而是来自外力撞击，尽管灶神星距离地球超过一个天文单位仍然"溅射"到地球为人类所获，由此可知撞击力度之巨大。根据 NASA 公布的资料显示在灶神星南极点有一个 460 千米的火山口，它的宽度达到灶神星直径的 80%，坑穴底部的深度达到 13 千米，外缘比周围的地形高出 4～12 千米，总落差达到 25 千米，中心有一座 18 千米高的山峰突起，远超太阳系其它星球，估计这次撞击大约将灶神星体积的 1%抛出，灶神星家族的 V-型小行星就是由这次撞击产生的。毫无疑问，在形成过程中陨击的动量成为灶神星热能的主要来源。而木卫二表面深厚的水圈吸收了陨击的能量，极大地减少了它形成玄武岩喷发的几率。

月球直径为 3476.28km，质量 7.35×10^{22}kg，水星直径 4880km，质量 3.3×10^{23}kg。作为构成内行星系统的重要成员，这两个星球的温度要比灶神星高很多，可能由于这个原因使它们在早期形成过程中冰冻物质很容易丢失。根据"三明治"模型，水星将拥有最多的铁镍，加上它的轨道位置，决定了它的密度超出标准线。但是仅凭引力势和放射性衰变提供的热能仍然远远不够，陨击所带来的动量超出我们的预期。水星、月球表面主要由玄武岩覆盖，整体上月球地壳结构与水星惊人相似，大部分地区布满古老（40-30 亿年）陨石坑。

根据科学家对两个星球的研究，它们由玄武岩构成的平原地区均与撞击事件有关，巨大的陨击力量直达下地壳，使外壳明显减薄，诱发岩石降压热熔喷出形成原始山脉和玄武岩"海"。在后期重轰炸事件结束后的 30 亿年前，经过早期的喷发后，这两个星球的热能已经基本得到释放，在此之后，由自身质量和放射物转化的热能已不足以维持岩石热熔的条件，因此没有实现自发性地质发育，地质运动已经基本处于停止状态，地幔和地壳在还没有来得及发育就进入了固结阶段。这两个星球的地形地貌均分别由太阳、地球潮汐力和陨击等外部力量营造，使它们的地表主要由环形山构成。以上这些事实表明，早期类地星球的玄武岩喷发并非星球引力势转化的结果，也不是地幔热熔造就的，而是外力撞击巨大动能转化引发的，而同一时期同一事件形成的卫星拥有大量水及冰冻物质也不支持岩浆洋模型，同时表明星球分层现象不一定由热熔条件造成。

　　理论上，火星的表面积要大于水星和月球，应该受到更多陨石撞击，为什么它的表面反而没有水星和月球那么多陨石坑和环形山呢？这是由于火星比灶神星、月球、水星加起来还要大，这样的条件帮助火星在形成过程中获得更多冰冻物质，在后期大轰炸事件中，火星表面形成了水圈和大气圈，并且它的巨大质量可以使它达到自发性地质发育的条件，因此来自内部的物质能够实现部分热熔流变，当局部地区形成热点后，熔岩向上入侵使地表隆起，冷却后地壳加厚，逐步形成高原台地，当熔岩再一次产生热熔，又沿着熔岩通道上行，最终形成自发性火山喷发。当火山喷出地表后，熔岩通道降压使下地壳围岩产生热熔流变,拉伸减薄形成裂谷。由于火星引力弱,具有多发性、自发性地幔发育,形成了太阳系最大的火山山脉——事实表明早期类地星球的垂直热对流既可以造陆,也可以造山。由于火星的质量只具备星球自身发育的最低条件,引力不足以锁住轻物质以及持续维持幔壳间热熔,在后期重轰炸事件结束后的 30 亿年前,曾经存在的水圈、大气圈和磁场随着事件的结束,在极短时间内基本丢失。尽管水圈、大气圈存在时间较短,仍然使火星地表得到很大程度的改造,风化层消耗了早期的地壳并把大量陨石坑的痕迹抹去。火星自身的质量仅能维持极有限的热点继续演化,整体上已经进入固结阶段,因此我们把火星的地幔归入到生地幔类型。

金星、地球这两个星球拥有巨大质量,从天文合成开始即可形成固化的地壳,混沌的地幔,明确的地核。这一时期所有类地星球的热活动都以垂直对流为主,地质运动则以上下升降方式进行,并且仅局限于相当狭窄的时空范围内。产生热能的主要来源是天文合成事件赋予的引力势,潮汐力和太阳系后期重轰炸事件中天体撞击的动量转化而来。部分星球的地形地貌均在此时期形成并被时间基本定格。但是,金星、地球的演化显然要深入得多。

按照现有的热形成理论,早期的地球表面不但处于"岩浆洋",而且整个地幔也是热熔的,并拥有比现代更薄的地壳。如果真的这样,我们将会看到地球将向与现代不同的方向演变。我们已经了解到早期的地球自转速度可能达到现在自转速度的 5-6 倍，这样必定会产生比现代更大的线速度，地壳获得巨大的水平运动，板块间的碰撞就会象洋洋碰撞的情景一样，两个碰撞的板块均向下俯冲形成深海沟，地球表面只能形成低矮的丘陵或类似水星的脊状山脉，将不可能形成高山台地。我们的研究显示，早期的金星、地球不但已经拥有固化的岩石地壳，而且地壳厚度要比热形成理论大得多，同时已经存在水圈和大气圈。地球从太阳系后期重轰炸事件中短时间内额外获得了巨大的热能，内部温度急剧上升，局部地区温度超过了玄武岩形成的条件，形成了科马提岩。重轰炸事件结束后，金星、地球均进入了漫长的地质冷静期，尽管它们的巨大质量帮助它们继续演化，但是这种方式产生的热能是缓慢而漫长的，正是这个原因造成科马提岩仅仅在早期出现过，并且全球仅少数地区（可能与撞击的热点有关）有所发现。由于这一时期所有类地星球的热能主要来源于天文合成和外力撞击，地幔仍然未深度发育，地球形成板块运动的可能性微乎其微。

第二阶段：由 30 亿年开始到 8 亿年前地幔发育逐步成熟

这是地球大陆克拉通化最重要的时期。研究显示，由生地幔发育到熟地幔不但需要一个厚皮地壳，并且经历漫长岁月改造，同时温度不能快速上升，否则这些热能将会很快通过玄武岩喷发或者由于薄皮的地壳与外太空快速的热交换从

而快速释放，这将非常不利于全球性软流圈的形成。只有
"文火慢煮"才能使幔源物质实现热熔流变，逐步熔蚀整个
幔壳层形成莫霍界面。

　　星球表面积和物质总量是恒定的，因此隆升和断陷必定
形成一种耦合关系[邵济安等]，热对流造成局部地区隆起造
厚的同时必定引起副地区拉伸减薄，这个过程即由地幔物质
的垂直运动引起幔源物质的水平流变。这种热交换成为这一
时期最主要的表现形式。从 30 亿年前到 25 亿年期间是地球
大陆壳最大规模的形成窗口，微陆块中的 TTG 片麻岩具有
3.0~2.5GaSm-Nd 模式年龄的陆壳岩石约占 78%[翟明国]。围
绕古老的地盾主要以两种方式构造大陆地核。一种是沿着地
盾周边增生扩充，这是由于地幔、下地壳物质多次侵位顶托
使地核上升过程中基部得到生长的结果。另外一种方式是地
台周边新地核隆起拼贴。26~25 亿年的 TTG 形成的原因，可
能与微陆块拼合有关[翟明国]。这两种方式均主要由内部物
质上下升降造成，直接导致了副地区大规模拉张，这种构造
运动使大陆与海洋间的相对高度进一步改变，大陆基底不断
增厚而洋壳不断减薄，为大陆出露洋面提供了条件。随着地
幔发育，热点扩大成大熔岩省，再扩大到半球、全球，逐步
形成由相变流体构成的滑脱面，耦合力减弱。受到热熔流变
作用，成为地台的包体得以在一定范围内作水平运动，由于
区域局限性使地台与地槽间此起彼伏，不断上下升降，地台
分裂拼贴旋回多次发生，这种构造运动是这一时期的重要特

征，造成该时期初级的褶皱运动形成碰撞造山带。研究显示，从约 18~8 亿年长达十亿年或更长的时间里，华北克拉通一直处于伸展环境，发育多期裂谷，有多期陆内岩浆活动，是岩石圈结构和下地壳组成的关键调整期［翟明国］。由于持续处于热隆-伸展，使地台之间的地槽获得了巨量的沉积和火山碎屑。

在这一时期，地球经历了几次重大的地质事件，包括 30-25 亿年前的阜平运动，25-18 亿年前的吕梁运动以及 10-8 亿年前的晋宁运动。这些地质运动具有如下趋势：

其一、旋回周期逐步收短的趋势。冷、热周期，爆发与宁静周期，分裂与拼贴周期由早期的数亿年发展到一亿年到数千万年；

其二、经历多次旋回，大陆面积具有逐步扩大的趋势。通过新地核的隆起，以及地核周边增生扩大，邻近地块拼贴等方式，大陆板块由最初的数个独立地台，逐步发展到由北到南，东、西贯通成为辽阔的泛古陆；

其三、海陆相对高度逐步加大的趋势。热隆-伸展构造使洋壳趋向减薄，为洋中脊的生成、板块的扩张做好了准备，同时陆壳趋向增厚，使出露面积不断扩大；

其四、热点逐步增多的趋势。由早期仅有局部地区的热点逐步发展到广泛区域，并且在晚元古代早古生代达到全球化。尽管地球由于激烈的地质运动使这些热点逐步演变成热线，但是金星很好地保留了这种地貌特征，据观测发现金星上存在的热点数量可能达到数十万到一百万处。

这些变化表明地球的地幔自主发育逐步由生地幔向全球性熟地幔发展，莫霍界面正在生成，地幔深部热柱逐步向浅部抬升，尤其是太平洋洋中脊的生成，标志着寒武纪全球性现代板块运动和生物大爆发已经完成了前期的所有准备。

其五、由深部幔壳间热熔流变的水平运动逐步向上迁移，最终演化为岩石圈浅层上地壳表面的水平运动，为全球性洋中脊的形成奠定了物理基础。

上述两个时期由热隆构造的各个地体成为后期全球性板块的基础单元，构成第三级板块。

第三阶段：8亿年前至今

根据建立的地球演化动态模型，得出几方面的科学成果，其中最重要的一点，全球性板块运动是在寒武纪才真正开始的。约翰霍普金斯大学的地质学家 RobertHolder 带领一个科学团队从不同的角度来研究板块构造，在这项研究中，地质学家收集了来自世界各地 564 个地方的变质岩样本，研究结果显示最古老的变质事件可以追溯到大约 30 亿年前，但大规模变质活动直到大约 5 亿年后才频繁出现，代表以寒武纪为分水岭前后两个年代地球的构造运动方式发生了巨大改变，地质学家认为，这表明了现代板块构造是从寒武纪正式开始。

　　根据上述地幔动态演化模型，我们大致弄清了全球洋中脊发育的成因，明确了板块运动与洋中脊发育之间的辨证关系，从动力学角度丰富了威尔逊旋回的内涵，总结出洋脊发展过程的几个关键要点。

　　1、洋脊发育遵循先北后南的时空分布原则。由寒武纪太平洋脊发育开始到二叠纪大西洋脊发育，到侏罗纪印度洋脊发育。为了帮助读者更直观理解，我们每个人都可以通过一个简单的"手影戏"来认识大洋板块的扩张过程和三大洋洋中脊发育过程以及洋脊的形状，同时可以更好理解到洋中脊怎样由汇聚边界演变为离散边界。——把双掌张开分别置于身体左右前方两侧，掌心向下。右掌由1点钟方向向7点钟方向移动，左掌由11点钟方向向5点钟方向移动，直到左掌拇指尖触碰到右掌拇指第一关节。右掌代表太平洋扩张，左掌代表大西洋扩张，右掌掌沿外侧是太平洋洋中脊，左掌掌沿外侧是大西洋洋中脊，两个拇指和双掌大鱼际构成印度洋洋中脊，而你的身体代表了南极大陆。

　　2、全球洋中脊总是沿着板块边缘发育，并构成与板块平行走向，是板块间活动断层。洋脊同时向两侧扩张，形成某种力学平衡，当一个方向应力突然释放时，平衡将被打破引发对称点的另外一边应力失稳破发。

　　3、洋中脊既是后期离散边界也是早期的汇聚边界，其发育分为两个阶段。首先由板块碰撞沿着两个碰撞的大陆架边缘形成汇聚断层。研究发现，汇聚线边界是地球最强烈的应力累积地区，也是热能升温最快、能量级别最高、能量释放最激烈的缝合部。随着热能迅速累积，结合部形成岩墙上升喷发，汇聚断层由热点到热线演化连接成洋脊，岩墙喷出形成海岭，汇聚边界转化为离散边界，引起板块扩张。因此从地球演变历史纵向考虑，威尔逊旋回前期应由地体隆起拼贴开始而非大陆引张开始，东非大裂谷不具有汇聚特征，不会发育出洋中脊，其分裂-拼合方式与板块-洋中脊的联动方式明显不同。

4、三大洋洋中脊发育的时空变化与板块运动存在动力学关系。四大板块的先后汇聚碰撞分别形成了洋中脊，洋中脊的先后扩张反过来促使板块漂移，两者之间的汇聚-分裂，碰撞-俯冲是构建寒武纪以后乃至未来数亿年海陆结构的主要方式，是地球进入熟地幔阶段的重要特征，据此，我们认为太平洋洋脊的形成标志着现代板块运动的开始。

大量地质事实揭示，新元古代晚期—早古生代期间，发生了全球性造山运动，全球板块经历的重大构造事件使洋—陆构造格局发生了巨变，陆块主体经历了离散状态到汇聚状态的转变[李三忠等]。震旦纪旋回促使分散的古陆重新合并形成泛古陆，但是泛古陆并非一片连绵的陆地，而是由古太平洋、古大西洋和古特提斯洋沿南北将大陆分隔成西、中、东三大板块。5.5亿年前的寒武纪时期，亚洲大陆东向对美欧板块再次碰撞合拢，促使沿着古太平洋汇聚边界产生了异常热流值，引发激烈火山活动。到5.3-5.15亿年期间，莫霍界面逐步向上地壳顶托迁移，沿位于西部的亚洲板块与中部美洲板块之间的断层形成岩墙上升喷发——太平洋裂谷形成，亚洲-美欧板块之间汇聚边界转化为扩张边界，迫使亚洲大陆再次迅速向西漂移，美洲大陆向东移动。由于亚洲大陆以西是广阔的古特提斯洋，莫霍界面近似平滑，几乎没有受到阻力，故运动速率更大；美洲大陆质量较大，东部受到欧洲大陆阻挡，移动速度相对缓慢，造成太平洋东隆从一开始形成时已经存在西阔东窄的基本格局。进入奥陶纪，东移的美洲大陆东部大陆架与欧洲大陆西部大陆架相遇，古大西洋逐步闭合成为地槽。泥盆纪志留纪时期，受到美-欧大陆汇聚作用，地槽受到强烈挤压变形，地应力迅速上升，热流值快速升高，新的岩墙逐步形成，巨大的热能首先由北欧西部-北美东部汇聚点以及南美-非洲汇聚点释放，从而发生加里东构造运动，同时来自太平洋东隆脊部扩张力量持续驱动，美洲大陆向东碾压大西洋地槽区形成推覆构造，逐步隆起形成阿巴拉契亚山脉，并引起对称点的亚洲大陆强烈造陆-造山——华夏板块隆起向北东俯冲，扬子板块向西南推覆的褶皱运动。

石炭纪、二叠纪开始，深部地幔岩墙沿欧-美大陆汇聚边界的古大西洋地槽带上升，欧-美板块发生断裂，大西洋洋中脊形成，大西洋进入新的扩张期[魏格纳等]，欧洲大陆和美洲大陆分裂后向东移动，美洲大陆折返向西移动。向东移动的欧洲大陆北东部与亚洲大陆北西部碰撞形成乌拉尔褶皱山脉；中部地区引起中亚抬升向中国西北地区俯冲形成盆岭构造。随着欧亚大陆合拢，古特提斯洋逐步萎缩成为界河、地缝线，中亚地区由原来的洋壳-大陆架隆起成为陆地，古特提斯地槽沉积物俯冲进入亚洲大陆西海岸造成青藏高原的抬升，并迫使欧亚大陆向东折返与太平洋洋壳重新汇聚，引起二叠纪、三叠纪期间亚洲大陆东部扬子板块隆起[广州地球化学研究所 2015]。从这一时期开始，太平洋西板块沿着亚洲大陆边缘不断产生左旋和右旋分别作用于东北-西南。东北方向形成日本外海的岛弧，亚洲东北地区进入碰撞-拉张环境。西南地区与印度洋相遇转向东南与澳洲-南极大陆剪切，形成菲律宾海的岛弧。太平洋东隆板块则与向西折返的美洲大陆碰撞，同时沿着美洲大陆边缘产生西北-东南方向左旋和右旋，西北地区形成阿留申岛弧，东南地区形成南美洲岛弧，中部沿美洲大陆西海岸沿线开始隆起形成科迪勒拉山系。

寒武纪时期由南北狭长形状开始弧形扩张的太平洋，到侏罗纪时期接近形成球形，受到来自四个方向大陆的阻挡，太平洋洋壳由最初扩张期近乎平直的形状逐步演化为收缩期"中间高四周下垂"的蒙古包形状，环太平洋边界由小角度向东西两侧大陆俯冲逐步变陡过渡到向地幔大角度俯冲，环太平洋海沟得以形成并逐步加深。

侏罗纪时期亚洲大陆东部、东南部进入快速抬升期。大西洋-非洲板块持续向东南方向扩张，太平洋-澳洲板块持续向西南方向扩张，两大板块同时碰撞南极大陆，形成"入"字形汇聚边界，板块汇聚线成为新的高热流值结合部，岩墙开始上升，印度洋洋中脊进入发育期。随着洋脊扩张，进入白垩纪，南极板块向南折返，澳洲大陆向东北漂移。从二叠纪开始到侏罗纪印度洋板块的汇聚-分裂旋回促使岩墙喷发由碰撞态转化为扩张态，并造成板块由南向北抬升增生扩大，到晚侏罗纪早白垩纪与欧亚大陆发生碰撞，迫使欧亚大陆向北碰撞西伯利亚板块。三叠纪、侏罗纪太平洋板块进入收缩期，在东、西两个方向分别对欧亚大陆与美洲大陆转变为深俯冲。这是构造侏罗纪时期环太平洋边界的最重要阶段，也是亚洲东部海岸、美洲西部海岸最活跃的火山活动时期，西部使亚洲大陆整体抬升完全脱离海洋环境完成陆壳拼贴，向东加快了美洲大陆科迪勒拉山系隆起。

影响板块运动的要素有如下几方面。

其一，引起板块产生水平运动的第一因素不是星球自转产生的角动量，而是幔壳间的耦合力。数据表明，是否存在板块运动与自转角动量没有必然联系，角动量的大小是在地壳产生了水平运动以后起到放大作用。

根据牛顿动量方程 $F=Ma$，$a=F/M=(F-f)/M$，由于我们的地球是一个球体，所以其中 a 可以理解为地壳表面的线速度，F 是总动量，包括地球自转给予的惯性离心力（贡献度小）、海岭造斜引起的重力滑脱（贡献大）以及来自地幔圈的"蒸汽机效应"产生的动量。f 主要表现为幔壳间莫霍界面的耦合力，由于耦合力越大，阻力也越大，因此耦合力也可以看作是阻力（影响力巨大）。M是相对于地核地幔变化的地壳质量。当内部热能甚大值时地核地幔温度上升，软流圈地幔上涌，地幔逐步熔融了部分岩石圈山根，地幔加厚，地壳变薄，地壳质量M趋于最小值，水平动量最大化，地质活动进入甚大年，大量海水进入地幔与熔岩一起构成流动性熔岩层，海水降低熔岩热熔点，增加热值高峰，大气圈主要以高温水蒸气和还原性气体为主，温度上升。由于地幔高温热熔，下地壳产生相变，软流圈流动性加大幔壳间耦合力削弱，阻力减少，(F-f)净值达到最大化，地壳获得的动力绝对值加大，地幔与地壳的较差自转a增加，板块进入移动加速期。现代观察发现软流圈与板片耦合力很弱，这一结果与我们的模型推测非常吻合。这种状态下地球磁场强度也相应增加。由于垂直热对流和水平动量加大，地幔热柱上升，造成地势隆起破裂，大量海水进入地幔，海洋发生海退，陆桥出现。地球倾角加大，热带向两极蔓延，导致地球大部分地区处于温带。火山活动进入高峰期，形成大量碎屑和火山及陆相沉积。

随着热能被释放，地核地幔逐步降温，地表热流值下降。加上地壳物质通过地质运动循环回收，大气中的还原性气体形成盐等矿物质回到地幔，地幔熔岩流粘度增加，地幔层降温收缩变薄，岩石圈加厚，地壳质量M达到最大值，莫霍界面耦合力加大，阻力增加，(F-f)净值缩小到最小值，地壳水平动量减少，板块运动及地质活动进入休眠状态甚至停止运动，地球磁场强度减弱。地壳收缩洋脊热流减少。地球自转轴倾角减少，大气层自转速度加快，风速加剧，热能丢失严重。冰川蔓延到赤道带。由于地幔厚度收缩脱水，地球表面水量增加，海洋面积加大，地壳下陷，发生海侵，陆桥消失，重新形成海相沉积。气候进入大冰河时期。

其二，实验表明，从倾角 10 度到 80 度从海岭处均可以引起重力滑脱，这是海岭隆起造斜后的真实情景。小于 10 度很难滑脱，大于 80 度，板块形成推覆而不是滑脱（李显武周新民依据岩浆弧位置变化追溯俯冲板块的俯冲角度变化的原理计算了 180～85Ma 时段内，古太平洋板块向欧亚大陆俯冲的俯冲角变化——从大约 10° 增大至约 80°）。

其三，地球内部热对流驱动熔流从洋中脊处促使地幔上升，莫霍界面抬升，形成海岭造斜后引起洋壳重力滑脱，遇到大陆板块后前锋停顿，后方板块挤压，前锋加厚洋壳密度加大。当大陆板块逆向碾压洋壳时，洋壳被动俯冲，随着洋壳被大陆碾压得越来越深，洋壳变陡，海沟开始形成。如果大陆板块从四面八方对洋壳产生挤压，洋壳板块进入萎缩期，演变成海岭高四周下垂的穹窿形状，四周边界与大陆碰撞如果是小角度俯冲将形成褶皱山脉，如果是大角度俯冲更多地形成盆岭构造。汇聚边界随时间越老海沟越深，越深的海沟越难以形成褶皱山脉，反而容易形成岛弧。

其四，地幔热能"蒸汽机效应"是第一推动力。当地幔柱上升，地壳减薄，洋壳处于高度拉伸状态，莫霍面变成滑脱面，岩石热熔相变幔壳间耦合力最小化时，板块运动进入活跃期，海岭隆起造斜后引起重力滑脱，板块进入扩张。碰撞后期，海沟出现，俯冲作用加大了板片滑动的拉动量。其中一个现象可以作为直接证据，那就是印度洋以及大西洋板块在扩张过程中板块边界没有出现类似于太平洋东西两翼强烈的俯冲，但是并没有阻碍大西洋印度洋的扩张，由此可见俯冲的拖曳是被动动力，是板块运动的结果而非原因。如果洋中脊的扩张方向与板块运动方向一致并且洋中脊扩张速度等于或小于大陆板块移动速度，则其汇聚边界不会形成俯冲带，只有板块运动与洋中脊发生相对运动或洋壳扩张速度明显大于大陆板块或岛弧移动速度引起板块冲突时，俯冲带才会出现并且随距离和时间增加形成巨大落差的海沟。

由于板块张裂从洋中脊出开始，很容易造成误会，以为熔岩是驱动板块运动的主要因素，其实不是这样的，驱动板块扩张的不是地幔热熔物质本身，而是由此产生的巨大热能，是整个地幔软流层总能量在一起发挥作用。这可以解释为什么在作为主动动力边界的洋脊轴部会存在被动扩张的痕迹。正如恒星太阳表面的所有运动的动力不是来自于氢等离子体，而是来自内部核聚变产生的热能，如果太阳过了主序星阶段，核聚变停止，其表面运动将下降直到几乎停顿。根据爱因斯坦质能方程我们知道，一个单位的物质，将产生 9×10^{10} 的能量，尽管地幔产生的热量与核聚变不能相提并论，但是地球内部热能就象一台巨大的蒸汽机驱动板块运动。

　　板块运动方向并不取决于软流圈熔岩流动方向，而取决于洋脊扩张方向，这是莫霍界面倾角产生的滑脱面造成的重力方向决定的。

　　在星球发育到熟地幔阶段后，由于全球性软流层的形成，幔壳间耦合力的减弱，板块运动得以进入活跃期。这时候，自转角动量将使水平运动最大化。金星和地球有着相似的物质组分、质量、结构，必然具有相似的地质历史，但是后来却各向两个截然相反的方向演变。研究金星表面地质特征发现，8 亿年前，两个星球同时进入一个崭新的地质时代——震旦纪时代。地球经历了晋宁运动及罗迪尼亚古陆的拼贴-分裂旋回。比较阜平运动、吕梁运动与晋宁运动的区别，我们可以清晰看到，早期的构造运动以垂直运动地核隆起拼贴为主，晋宁运动开始及接下来的寒武纪则以水平运动为主，地球构造方式发生了根本改变，而金星在相同的时间内仅仅形成了大量热点爆发并且在 3 亿年后当热能释放殆尽则进入了静止盖层阶段，可以说震旦纪既是金星、地球构造运动的分水岭，也是地球前寒武纪及后期构造运动转化的最重要时期——震旦纪不但是一个地质金钉子，也是寒武纪生命大爆发的前幕。

　　按照上述分析来看，可以明确板块运动的演化根源在于热动力的演化发展。目前从地球科学角度出发把岩石圈分为六大板块，是基于勒皮雄建立的模型，在地球科学的发展中发挥了巨大作用，但是现在也可能成为一个阻碍。按照统一的热动力学机制我们建立起一个地球演化的动态模型，并且根据动力学分类法把岩石圈六大板块修改为四大板块，在此基础上确立全球三级板块体系。一级板块动力起源于地球内部的垂直运动和由此转换的水平动力，其边界全部是离散型，称为主动动力边界；二级板块动力来源于一级板块，其边界是汇聚型的称为被动动力边界。包括洋洋汇聚型板块，洋陆汇聚型板块，陆陆汇聚型板块。一级板块边界是生长线，二级板块边界是消亡线，这两级板块共同构成地壳地幔物质的大循环系统。三级板块包括洋内板块、陆内微板块，它们的边界是错断型。

一级板块：

全球岩石圈划分为四大板块。按照寒武纪及以后洋脊和板块发育的进程我们把亚洲大陆与欧洲大陆分别区划到两个不同的大板块内，把阿拉伯半岛归入非洲板块范畴。这些板块全部是寒武纪三大洋脊出现后先后形成的现代板块。

1、泛印太板块。太平洋洋脊以西，亚洲大陆；印度洋洋脊以东，澳洲大陆；太平洋洋脊和印度洋洋脊南端连接线以北泛太平洋印度洋地区。

2、欧非板块。大西洋洋脊以东和印度洋洋脊以西，以及印度洋洋脊、大西洋洋脊南端连接线以北部分，非洲大陆和欧洲大陆。

3、美洲板块。太平洋洋脊以东纳斯卡板块、南北美洲大陆，大西洋以西部分。

4、南极板块。三大洋洋中脊南端连接线以南为南极板块。

四大板块之间以洋中脊为分界线，板块作背向运动，属于主动动力型离散板块。离散边界结构呈现开放性，由地核地幔产生的热能由内及外经由此处释放，其释放方式缓慢而且周期长，其中大部分热能转化为驱动板块扩张的动能，其余热能主要通过熔岩喷发或溢出的过程释放，因此只有极小部分能量经由地震方式释放，属轻度地震。海岭地震仅占全球地震 4%。

二级板块：

属于一级板块框架下的板块。（南极板块未有划分二级板块）

1、在泛印太板块内，包括太平洋西板块以及亚洲大陆、印度洋东板块，澳洲大陆。

2、在欧非板块内包括欧洲大陆，非洲大陆以及印度洋西板块，大西洋东板块。

3、在美洲板块内包括纳斯卡板块，南美洲板块，北美洲板块，大西洋西板块。

二级板块之间的结合部均为海沟或地缝线。在一级板块内作相对运动，全部是被动动力型汇聚板块。除洋壳部分外，其余大陆板块均为新元古代以后组成几个前古陆的基本构件。地球内部热能通过离散边界的海岭隆起造斜，重力滑脱产生水平动力，驱动板块向两侧扩张，板块相遇发生汇聚碰撞，持续的动力迫使板块向下俯冲，使二级板块之间相互碰撞、挤压、摩擦、剪切产生的应力转化为热能。这是地球由外及里产热的地区，这种产热方式与洋脊的开放型刚好相反，是内敛的（在整个太阳系里只有地球能够以这种方式产生热能），这些热能一部分供给岩石热熔，岩石热熔后产生再生热能，同时诱发下地壳地幔热能逆冲，造成汇聚边界的能量不断累积，当累积的应力超过岩石的抗压能力时，能量会在瞬间骤然爆发，因此这种边界的地震能级非常高——类似于太阳磁能的累积最终以磁力线断裂释放出太阳耀斑的物理现象，正是这些原因造成全球约95%地震发生在上述三个主要的汇聚边界。

理论上，通过测量、计算汇聚边界的变化、热功当量和有效积温，结合一级板块的走势，可以大概率预测地震发生的时机，可以推导出板块运动整体移动以及重大事件发生的路线图。

三级板块：

属于二级板块内部和二级板块之间交界处的小板块，大部分位于大陆板块内部或大陆架。是板块之间挤压、错动造成的破碎、隆起、下陷、断裂。这些小板块的运动方式最复杂，方向往往既有平行运动，也有张裂拉伸，还有对应地幔的上升下沉，同时还有相对撞击，包含了板块运动的三种模式。这些小板块之间的分界线主要是断层，断裂带，属于错断型板块，大部分是太古代到中元古代由单一热点热隆地体构成的微板块，是地球岩石圈最基本的构造单元。板内地震仅占全球地震约 1%比例，因其内能经由漫长岁月的地壳加厚隆起已经得到释放，现代地震的能量主要经由一级二级板块运动挤压的应力转化而来（水平动量），以及通过拆沉作用获得（垂直动量）。

这个三级分类体系把整个地球核幔壳之间的联动统合为一个整体，把每一块大大小小的板块统一到一个动力学体系内。纵观整个现代板块历史，所有的板块运动无不与洋中脊的扩张保持同步性，来自于地球内部的能量驱动一级板块沿着洋中脊扩张方向移动，促使二级板块汇聚碰撞，引起三级板块碎裂、错动。整个地球就像一台精密设备，发动机驱动活塞，活塞驱动曲轴，曲轴驱动齿轮，体现了全球板块动力学高度的强关联性。三级板块体制的建立有助于最终实现绘制全球板块分布地图，一旦成功绘制了全球三级板块结构分布图，我们将有可能象预测天气一样预测板块运动的规律，为研究板块运动、冰河事件以及地震、火山活动提供基础理论模型。研究表明板块运动与海沟及地震带之间存在协变的关系。根据我们的动态模型，明确了地幔热动力和俯冲拖曳的主从关系。洋洋碰撞形成海沟较深，例如太平洋板内所有海沟。洋陆碰撞的结果更多受板块行程与时间制约，行程越短，水平动量越大，俯冲角度越小，碰撞区板片密度越低，形成海沟几率越低或形成的海沟深度越小，这种碰撞将形成褶皱山脉，例如太平洋东隆与美洲大陆的碰撞以及印度洋板块与欧亚大陆的碰撞；随着行程加大，板片加厚密度增加负浮力也越大，俯冲角度越大，形成的海沟深度越大，主要以形成平原过渡到丘陵地带为主，例如太平洋板块与亚洲大陆的碰撞。陆陆碰撞则更多受时间制约，由于陆陆碰撞期间两片大陆板块之间存在的边缘海会随时间逐步萎缩直至消失，其碰撞过程形成的地貌会随时间改变，海沟将逐步退化为界河、地缝线，最终陆陆碰撞形成高原、高山。例如亚洲大陆与欧洲大陆的碰撞。所有碰撞造成的俯冲以及海沟的形成均受到时间制约，碰撞初期俯冲角度较小，随时间变得越来越大，海沟深度加大。实验结果表明俯冲角度可由开始的 10 度逐步向下深探达到 80 度以上，板片俯冲由开始发生在大陆板底逐步变陡转化为深俯冲，板片达到地幔深部，这个结论与太平洋板片俯冲到亚洲板块的演化轨迹相符。海沟则从没有海沟发育到浅海沟最后演变成深海沟。

从动力学角度判断海沟形成的条件，我们以欧亚大陆板块为例加以说明。

基于我们的板块构造运动模型建立在寒武纪板块分裂基础上，我们把欧洲大陆与亚洲大陆划分在两个不同的板块内。从二叠纪开始到第四纪六个不同时段，亚洲大陆前后受到来自四个不同方向板块碰撞影响，使东南部逐步隆起与西北新疆-塔里木克拉通、东北中朝克拉通，华北、扬子、华南地块完成拼贴构造出整个亚洲面貌，分别形成南北走向和东西走向的山脉、拗陷盆地、断层和对应的地震带，形成西北高东南低的中国地理格局，客观上形成所谓的胡焕庸线。这些构造的形成存在一个具有明确动力学关联的时空分布——即由起源于地幔的能量驱动一级板块分裂，造成二级板块汇聚，迫使三级板块错动形成断层。境内所有板内地震带均由这种动力分配造成。

从大西洋开始到欧洲板块、亚洲板块、太平洋洋壳之间产生了三个结合部。第一阶梯是大西洋洋壳与欧洲大陆连接处，第二阶梯是欧洲大陆与亚洲大陆连接处，第三阶梯是亚洲大陆与太平洋洋壳连接处。这三个构造带各有着不同的应力梯度。

根据爱因斯坦质能方程，宇宙内的所有爆炸实际上都是能量的瞬间释放，因此我们确定驱动板块扩张的力量不是源于熔岩本身，而是由熔岩携带的能量。由于来自大西洋洋中脊的能量起源于深部地幔，其能量累积的时间跨度达到5000-10000年，而太平洋洋中脊能量起源于浅部地幔，热流累积时间跨度在50-600年之间，毫无疑问，来自大西洋中洋脊下伏地幔的能量大于来自太平洋下伏地幔的能量，这种差异驱使欧亚大陆保持与大西洋洋脊扩张一致的方向向东移动同时美洲大陆则向西移动撞击太平洋东隆。

根据牛顿动量方程，我们得出：

1、欧洲大陆与大西洋动量方向和运动速度基本一致，在第一阶梯形成的动量是大西洋洋壳与欧洲大陆之间的动量差，F=ma，（a1-a2=0）因此其应力是最小的，这使得这个阶梯既不会形成海沟，也不是地震的活跃带。

2、由于来自大西洋的动量很大，这使得欧洲大陆移动速度大于亚洲大陆，两个大陆之间形成追及，在第二阶梯大西洋-欧洲板块移动速度与亚洲大陆向东移动的速度差形成的动量转化为巨大应力，F=ma，（a1-a2>1）这个动量在亚洲大陆内部尤其是中国境内产生了一条与欧亚大陆结合部平衡的南北走向的断层。两个板块追及运动产生的动量差在这条断层得到释放，使这里成为全球最强烈的板内地震带之一。

3、欧亚大陆向东移动最终与太平洋洋壳相遇，在欧亚大陆与自太平洋洋壳结合部形成第三阶梯，这个边界的动量是欧亚大陆与太平洋板块的动量之和，F=ma=(m1+m2)(a1+a2)，其能量之巨大可想而知。当太平洋板块撞击欧亚大陆时，洋壳产生停顿，受到后来洋壳推覆，边界处洋壳加厚，在欧亚大陆向东强烈碾压作用下，迫使其向下俯冲直达地幔，形成最深海沟，产生巨大的应力累积-释放成为最活跃地震带。

我们的研究表明，尽管地震的能量主要来源于板块运动，而板块运动的能量主要来源于地幔热流，两者的动力归根结底是一致的，但在细节上各有不同模式。根据三级板块模型建议——按照地震发震的动力学成因、能量累积的路径以及发震方式的不同把地震分为四大类型，即离散边界地震，汇聚边界地震，断层边界地震和其它地震。虽然我们的模型为研究板块构造运动而建立，但是也适用于地震学。

自地球形成以来经历了三个重要时期，天文合成和太阳系后期重轰炸提供了高温高压环境，所有类地星球均发生了强烈的玄武岩事件，形成了古老的第一代地壳。地球形成了水圈、还原性大气圈，丰富地热及热液喷泉，激烈的火山活动为生命起源提供了化学反应的优势条件。此后其它星球进入地质运动沉寂。金星、地球内部热能也基本释放，地幔开启了漫长的 25 亿年热熔流变。期间地球以地体隆起拼贴方式逐步扩大，建造了大量花岗岩、片麻岩，大陆克拉通化。第一代玄武岩地壳经历漫长风化后成为巨厚沉积层回流幔源重熔，为更多形成花岗岩片麻岩贡献物质基础，第二代地壳得以出露。在此 40 亿年时间里地球大部分处于泛海洋环境，构造运动以垂直造陆为主，生物进化异常缓慢。进入寒武纪，金星地质运动逐步休眠，地球地幔发育成熟，开启了全球性现代板块运动模式，大陆由北向南增生扩展，东西双向板块水平扩张，陆地面积不断增加，并形成了第三代地壳，生物得以产生飞跃并随着陆地面积的扩展逐步繁荣，期间经历了多次大灭绝，最终成就了人类的出现，使地球成为太阳系唯一，可能在宇宙中亦不可多得的文明星球。

上述讨论以太阳系冷星云形成为前提，依托行星系统理论建立了地球演化的动态模型，得出地球核幔圈、岩石圈、水圈、大气圈与生物圈以及人圈息息相关，是地球系统协同演化的结果。从这个角度考虑，这些自然现象都存在相互联系并且遵循物理化学演化规律，从大概率上可以通过计算结合观测加以预测，这样的结果要求地球科学必须是一门跨学科合作的综合科学，据此我们建议把板块构造学说上升为地球系统演化学说——简称"地演学"。

五、冰河世纪、生物大灭绝是地球系统演化的结果

探索生物大灭绝以及冰河事件的成因是地球科学领域非常重要的课题，关于地史上生物大灭绝事件以及冰河世纪的形成机制学术界形成了多个方案，其中比较受众的有如下几种：

1）太阳系随银河系运动过程中穿越星际空间受到宇宙射线、伽马暴、宇宙磁场、星云物质或超新星爆发等事件影响引起生物大灭绝和冰河世纪。

2）太阳光强的变化以及黑子活动周期的强弱改变地球气候引发。

3）由陨石撞击引起的灾难事件造成。

4）地球自转轴倾角的摆动造成不同纬度受到太阳光照程度的改变引起，等等……

我们把有关方案大致上分为两种，一种认为来自外部因素，一种认为是内部因素造成，其中有学者认为通过他们的统计得出大冰河事件间隔期存在 1.5 亿年周期的变化规律。对上述这些学说我们并不完全拒绝或否定，但是我们更偏向于从地球自身的地质演化中寻找根源，我们称为"地球本位思想"。我们相信，不论是生物的大爆发、大灭绝还是冰河世纪，都有其独特的机制，尽管每一次都可能存在不同之处，但是它们应该遵循某个相似的原则，这个原则不是只能解决

某一次事件，而是能够解释每一次事件共同遵守的规律。由于这些事件都是发生在一个共同的空间——地球，因此我们必定能够从地球这个系统中找到它们的共同点，我们一直这样相信。

通过对地史上历次生物大灭绝和冰河事件以及重大地质运动的对比统计，我们发现了三者之间存在一种共生关系——无论是生物起源，生物大爆发、大灭绝还是冰河事件都可以从地球自身演化的轨迹中找到动力根源。生物和气候的改变受制于地球构造运动。岩石圈、核幔圈造成的每一次重大地质事件都引发洋陆结构的重大转变以及生物重大突变。通过剖析它们之间的辩证关系得出这样一个结论：生物大灭绝与现代板块碰撞、造山运动成正比例关系，碰撞-造山运动持续时间越长越激烈，生物灭绝延续时间越长规模越大；冰河世纪与大陆分裂以及洋中脊扩张事件存在正比例关系，大陆裂解或洋脊扩张越激烈规模越大，冰河期越长，但是令人惊奇的结论是冰河事件与生物大灭绝没有必然联系，相反往往在冰河世纪潜伏着生物大爆发的前奏。另外，构造运动与生物大灭绝或冰河事件之间存在一个滞后现象，滞后时间与构造运动成反比例，即构造运动越激烈、持续时间越长，出现大灭绝或冰河的滞后时间越短。这些发现表明，生物事件或冰河事件与外部因素没有直接关联，也不存在一个类似1.5亿年或6200万年周期这种线性的规律，所有这些事件都是地球内部系统演化的一连串响应。我们列举两个直观的例子加以说明。第一个例子来自地球古元古代。24-21亿年期间发生了长达3亿多年的休伦冰河世纪，是地球史上时间跨度最长的冰河事件。一个长达数亿年时间梯度的太阳热辐射可以看作是恒定不变的（表明太阳短周期线性变化或地球轴倾角变化可以忽略），发生巨大改变的大致上有两方面，一个是地球大气圈的组分由早期的还原性大气转化为氧化性大气，这种大气结构不利于保存来自太阳的热能，表面平整的古洋构造反射了大部分的阳光加剧了冰河事件的强度，这是造成这次冰河世纪超长的根本原因。另外一个改变来自于地球内部。晚古元古代约21-20亿年期间出现了一个造山纪，接着发生的吕梁运动开启了一种有别于早期热隆-伸展的构造运动，被认为是近似现代板块运动的开端，沉积、喷发、侵入、挤压、褶皱、变质、固结反复出现，不但产生了巨量的热能，同时喷发出丰沛的还原性大气，使地球表面温度迅速上升这场超长时间的冰河事件得以结束。第二个例子来自于土卫六。天文学家认为土卫六大气主要由氮、甲烷、乙烷、氨等构成，但是由于它的质量太小（比火星还小）并且距离太阳太远，内部既不能喷发足够的热能，外部也不能吸收足够的太阳热辐射，因此尽管它的大气偏向于还原性，表面温度却仅有-180度。表明星球构造运动是左右热源以及大气结构最重要的因素。这正是雪线以外的天体大部分总是处于冰冻状态的根本原因，这些天体既没有足够的内部热源，也不能吸收足够的太阳能。理论上木星、土星也位于雪线以外，尽管木星、土星同样没有获得足够的太阳能，但它们自身却拥有足够多的热能，这些热能可以把天文合成时期获得的低温物质蒸发掉，因此不会出现冰河现象，而它们的卫星却几乎全部处于冰河世纪。由于每一次板块运动的突变都是由多期次热事件组成的，因此无论是生物灭绝事件还是冰河事件都表现为多幕性、脉冲性、持续性和高潮性，而板块运动的突变性与生物大爆发大灭绝的突发性具有同步性。地球系统性发生快速改变以及食物链激烈的生存竞争是每一次生物灭绝共同的内外驱动力。

对于冰河世纪的成因学术界有一个"米兰科维奇假说"。本世纪初前南斯拉夫学者米兰科维奇认为地球气候的波动受地球偏心率、轴倾角大小和岁差等因素的影响，这些影响造成了冰河世纪的形成。现在，很多科学家支持这个假说，他们相信地球公转造成的日地距和自转轴的变化，使地球接受太阳光辐射程度的改变与冰河期的发生存在正相关。我们赞同这些因素将对地球气候产生一定影响，但是不大可能引发冰河世纪，一个非常简单的理由是——这样一个短周期而线性的轻微变化不可能导致长达亿年的冰河世纪。

研究表明，在新太古代 27 亿～25 亿年时曾经存在过一个前古大陆——肯洛兰大陆（Kenorland）［李江海王璐等］，这个前古陆在大约 24 亿年左右开始裂解，在这个过程中形成了一系列的大规模放射状基性岩墙群。我们发现正是这次古陆的分裂事件导致了 24-21 亿年期间持续数亿年的休伦冰河发生。肯诺兰分裂事件后，在距今约 18 亿年前另外一个称为哥伦比亚的前古陆拼贴形成，并且在约 15 亿期间解体[赵国春]。到了 13-10 亿年前格林维尔造山运动造成了罗迪尼亚古陆汇聚，这个古陆在 7.5 亿年前重新裂解。6-5.5 亿年期间泛非造山运动再一次从东西两个方向汇聚形成潘诺西亚古陆，这一时期正好处于前寒武纪与寒武纪交接的重要历史事情，整个岩石圈处于相对线性的有序变化之中，持续、缓慢地引起地台边缘及地槽抬升等温和的热事件，基本保持长期稳定的浅海沉积，只有少量的火山运动。海底热液泉不断提供富含营养的微量元素，浅海大陆架受到太阳直接照射，种种天时地利造就了震旦纪生物大进化并顺利过渡到寒武纪生物大爆发；随后在不到一亿年时间里，潘诺西亚大陆再一次裂解。我们认为哥伦比亚和潘诺西亚两次大陆分裂事件造成了瓦兰吉尔冰河世纪。

进入寒武纪以后，以水平运动为表现形式的板块运动显得特别频繁强烈，而生物的大跃进也是从此开启。岩石圈由太古代、古元古代、中元古代时期十多亿年数亿年旋回周期极大地缩短到一两亿年甚至数千万年。

过往学术界把地质运动笼统称为热事件，根据事件造成的"后果"我们建议把热事件细分为产热事件和散热事件。对于地球内部热能而言，大陆裂解和洋中脊扩张属于净释放行为，汇聚事件在释放内能的同时经由碰撞、俯冲、剪切产生巨大热能，补充了丢失的热能，使幔壳圈、水圈、大气圈能够更持久保持热力。当两种热运动同时发生时，地壳及大气圈获得的余热要明显大于仅以散热为主的单一事件。

在太阳系后期重轰炸结束后，地球内部热能主要来源于引力势和长周期衰变元素及分子运动等内部因素，因此我们可以把核幔圈等内能由内向外逃逸的地质运动称为散热事件。由于通过引力势、元素衰变等方式产生热能的效率较低，需要花很长时间才能累积到足以使幔壳层热熔形成岩浆喷发的程度，每一次喷发后必定进入一个较长时间的沉寂阶段。地幔升温造成地壳升温，地幔降温引起地壳降温，我们把这一个过程称为一个冷热周期——这是太阳系后期重轰炸事件结束后，太古代到古元古代期间地球构造运动的主要热循环方式。进入新元古代尤其是古生代开始，现代板块运动形成，碰撞、俯冲等大型汇聚-褶皱运动成为一种新的由外向内产热方式，这是地球区别于其它星球唯一最独特的产热途径，这种途径产生的热能极大地补充了散热运动失去的内能，使地球热运动能够得以长时间持续进行。

随着地幔发育到不同阶段，岩石圈构造运动方式相对应地不断演化，对水圈、大气圈持续改造，早期与元古代以后大气圈的化学成分发生了重大改变，使大气圈吸收保留太阳热辐射的能力明显不同，大气结构对地球表面温度的影响不能忽略，并且在生物大爆发大灭绝以及冰河世纪中发挥重要影响力。

地球是处于冰河世纪还是热环境，取决于两个因素，一是获得热能的总量，二是保留热能的能力。地球热能的来源主要有两方面，其一来自内部热能的释放，二来自对太阳能的吸收。由于外太空温度极其低，这些热辐射能否保留以及能够保留多长时间，取决于地球大气层的厚薄和气体结构。还原性气体浓度偏高产生温室效应，地球表面将持续保持温暖，还原性大气浓度过高，过度截留热辐射，地球将持续高温干旱，还原性大气浓度低，大气处于氧化环境，将不能保持足够的温度，地球将变得寒冷甚至进入冰河时代。厚重的大气具有保温作用，轻薄的大气将容易使热能散逸到外太空。构造运动不但决定了地球表面获得热辐射的总量，并且极大地改变大气层的气体结构。在现代构造运动事件中，板块碰撞与板块裂解两种不同事件引发的地质运动具有明显区别。板块碰撞引发大规模造山造陆，使地球表面持续高温。我们在前一章中统计了碰撞型地震带与离散型地震带的区别，其中碰撞型地震占了全球地震活动95%的比例，而且强度烈度均最激烈。在碰撞构造运动中不但产生惊人的热能，同时释放出大量还原性气体、火山灰等物质，造成巨大的温室效应，使气候长期高温干旱，引发频繁的自燃事件，不但直接造成大量植物灭绝，使动物失去食物链，酸性大气增加酸雨量，也使动物卵子外壳、骨骼软化，不利于后代的繁育。酸性海水高温缺氧富养、洋流的改变甚至停顿也不利于海洋生物的生存，因此碰撞构造极易摧毁生态系统引起大灭绝。大陆裂解、洋中脊形成在失去大量内能的同时，并不发生高强度地震、火山活动，即使发生局部气体释放也较多地被海水溶解，因此碰撞事件与裂解事件将造成地球大气圈拥有截然不同的结局。这也是人类活动产生大量热能和还原性气体造成目前温室效应的主因。

　　我结合地质运动与生物大灭绝、冰河事件进行统计得出一个事件对照表。

时间	构造运动	生物事件	冰河时期
45.6-27亿年（18.6亿年）	酸性海洋环境	原核生命时代	还原性大气圈
27-25亿年新太古代/古元古代	阜平运动热隆/喜燥事件	真核生物爆发	大氧气事件
24-21亿年（3亿年）	肯诺兰 Kenorland 古陆裂解		休伦冰期
21-18亿年	吕梁运动热隆拼贴散热/产热 形成前哥伦比亚古大陆		
16-15亿年	哥伦比亚古陆裂解		?
13-10亿格林维尔造山运动/8亿年晋宁运动	罗迪尼亚拼贴产热/晋宁运动	震旦纪生物群过渡到寒武纪大爆发	瓦兰吉尔冰期
8-6亿年成冰纪/数千万-一亿年	7.5亿年罗迪尼亚分裂/散热事件/震旦系沉积		
6亿年-5.15亿年泛非造山运动	寒武纪冈瓦纳西亚分裂		
4.5-4.4亿年中/晚奥陶纪	加里东运动初期热隆产热	奥陶纪灭绝	
4.5-4.2亿年（3000万年）	太平洋洋中脊扩张散热事件		安第-撒哈拉冰期
4.15-3.75亿年志留纪/泥盆纪	加里东后期推覆褶皱产热	泥盆纪灭绝	
3.6-2.5亿年石炭纪/二叠纪 石炭纪拟鳞木成煤纪	北半球海西运动/热隆-褶皱	二叠纪灭绝	
（约8000万年）	泛古陆、南方冈瓦纳裂解事件/大西洋洋中脊扩张散热		卡鲁冰期 主要出现南半球
2.25亿年-1.8亿年/2.1亿年	印支运动褶皱产热	三叠纪灭绝	
1.8亿年-8000万年	燕山运动热隆褶皱产热		
7000万年-300万年/6500万年 中生代可看作一个连续的持续时间两亿年的褶皱/侧冲运动	喜马拉雅运动褶皱产热	白垩纪灭绝	
8000万年-今 第三纪-1万年（100-200万年）包含4-6个小冰河期，每次冰期持续约5万-50万年	印度洋洋中脊扩张散热事件		第三第四纪冰河

　　根据上述表格我们得出两组动线，表明新太古代以来地球构造运动、洋陆结构、大气、气候、冷热温度、洋流、生物演化之间大致上遵循这样一个规律：

　　1、元古代到古生代晚寒武纪时期，约27-5.15亿年达22亿年时间。

　　进入一个新纪元，就会发生热事件。地幔热柱发力，地壳热隆造厚，出现火山活动，玄武岩喷发溢出，产生火山灰、二氧化碳、硫化氢、甲烷等还原性气体，大陆汇聚拼贴，面积扩大，地形地貌趋于多样性。伴随着构造运动的发生和还原性气体释放等，造成气温上升，气候进入温暖期，生物发生大飞跃，包括25亿年期间大量真核生命的涌现，震旦纪丰富的软体动物爆发，寒武纪生物大爆发等。

　　到了纪元末期，随着大陆裂解，地球内能的持续释放，幔壳间热能大量散失，幔壳温度急剧下降，地幔热活动及地壳构造运动进入休眠期，出现冰河事件。

　　这一时期共经历了阜平运动、吕梁运动、晋宁运动、泛非运动等四次重大构造运动，先后有肯诺兰古陆、哥伦比亚古陆、罗迪尼亚古陆和潘诺西亚古陆的拼贴汇聚-分裂旋回，出现了长达数亿年的休伦冰河世纪和瓦兰吉尔冰河世纪。但是令人惊奇的是整个漫长的历史时期生物系统均呈现蓬勃繁荣状态，由极其原始低等的生命形式演化到大量后生生物涌现的积极态势，没有发生过重大的灭绝事件。只有一个令人关注的重大变革是——随着后生生物群的出现，以叠层石为典型代表的生物以及生活在深海海床的软体动物渐渐式微。

这一时期整体特点是，构造方式相对单一且持续而缓慢，比较接近线性特征。

2、古生代奥陶纪开始到新生代，约 4.85 亿年前到 3000 万年前，近 4.5 亿年

进入奥陶纪，是现代板块运动登上历史舞台的时代。地球热运动同样地遵循相似的规律。进入一个新纪元开始，地幔热柱发育，地壳热隆造厚，出现火山活动，玄武岩喷发溢出，产生火山灰、二氧化碳、硫化氢、甲烷等还原性气体。不同之处是板块运动出现了新形式。随着大陆汇聚拼贴，三大洋脊先后发育扩张，泛古陆分裂事件发生，俯冲运动开始出现，这种地质运动在散热的同时将产生丰富的热能。不论是离散边界还是汇聚边界都发生各种规模的火山地震活动，快速改变地球的地形地貌，陆地面积不断扩大，地形地貌越趋于多样性。伴随着构造运动的发生和还原性气体释放等事件，气温上升，气候进入温暖期。

随着大陆面积增加，气候多样性出现——包括海洋性气候和内陆性气候，干旱半干旱地区出现。受到高温气候影响，洋流变得复杂多变甚至出现洋流停止流动。整个地球系统复杂化程度空前提高。多样性的地形地貌制约着多样性的气候和多样性的生态系统，大灭绝大爆发此起彼伏，周而复始。

这一时期的整体特点是构造运动快速多变，地球整个系统越来越混沌，体系多样性和复杂化程度高，显示出脉冲式突变和明确间歇性，冷热周期极大缩短。

当地质运动趋于平静，气候出现较长时间的稳定期，生物得以恢复并呈现生机勃勃的进化阶段。

到了纪元末期，地质运动逐步收敛，地球内部热能得到彻底释放，幔壳热运动进入休眠期，经历漫长岁月新生的大陆岩石圈极大地降解了大气中二氧化碳浓度，温度骤然下降，地球进入冰河世纪，给本来已经非常脆弱的生态系统最后一击。随后不论是地球构造运动还是气候、生态都处于较长时间的恢复期。

这个时期共经历了加里东运动、海西运动、印支运动、燕山运动和喜马拉雅五期运动，先后出现了安第-撒哈拉冰期、卡鲁冰期和第三第四纪等三次大冰期，发生了奥陶纪末、泥盆纪末、二叠纪末、三叠纪末和白垩纪末五次重大生物灭绝事件。值得我们深思的现象是，每一次大灭绝之间都存在一个起缓冲作用的地质纪，例如奥陶末大灭绝与泥盆末大灭绝之间存在一个比较稳定的志留纪，泥盆纪大灭绝与二叠纪大灭绝之间存在一个相对繁荣的石炭纪，三叠纪大灭绝与白垩纪大灭绝之间存在一个繁荣的侏罗纪，只有二叠纪三叠纪之间两次灭绝是连续的。从这点出发，是否可以怀疑三叠世的大灭绝是二叠世的一种延续？而二叠世与三叠世之间并没有发生生物大爆发现象？

这一组动线整体上可总结为——板块运动发生汇聚碰撞-俯冲，洋脊扩张，释放大量热能，温度上升、海进——进入稳定温暖期——进入高温干热期——能量释放殆尽，大气恢复氧化性环境，气温骤降，进入冰河世纪、海退。

生物演化基本上遵循相似规律——生物进入休整期——进入恢复、繁荣期——渐渐式微期——大灭绝期——重新恢复期。

根据上述两组动线分析，基于第一组动线仅仅出现叠层石、软体动物的衰退，我认为后生生物的进化与灭绝可能缘于收割者的出现，我们基本可以确定原因主要有两个方面：一方面是外因，由于不同时期板块运动的突然爆发引起地球整个系统重大改变，除志留纪相对稳定以及侏罗纪燕山运动外，其余五次全球性板块运动对应五次生物大灭绝和三次冰河事件，其中有两次生物大灭绝都没有出现冰河事件，而其余每一次大灭绝均发生于冰河世纪来临之前，其中最有说服力的是白垩纪末大灭绝事件之后才进入第三第四纪冰河世纪，因此我们认定大灭绝事件主要与板块运动有关，冰河事件只起到最后一根稻草的作用。另外大灭绝的内因源于生物体系的进化与生存竞争。

根据地质年代划分方法，学术界把寒武纪、奥陶纪、志留纪、泥盆纪、石炭纪、二叠纪划入古生代，把三叠纪、侏罗纪、白垩纪划入中生代，第三第四纪划入新生代。我们按照板块运动与生物事件、冰河世纪的关联，做出一个变化规律图：

　　（成冰纪、震旦纪）寒武纪生物大爆发，生命繁荣；

　　奥陶纪——激烈地质运动；

　　奥陶纪末——生物大灭绝，冰河世纪；太平洋洋中脊扩张

　　志留纪——休养生息，生物恢复；

　　泥盆纪——次级灭绝；

　　石炭纪——休养生息，生物恢复。

　　二叠纪——激烈地质运动；

　　二叠纪末——生物大灭绝，冰河世纪；大西洋洋中脊扩张

　　（失去了一个缓冲，生物恢复的时代？）

　　三叠纪——次级灭绝；

　　侏罗纪——休养生息、生物恢复。

　　白垩纪——激烈地质运动；

　　白垩纪末——生物大灭绝，（第三、第四纪）冰河世纪；印度洋洋中脊扩张

　　第三第四纪——休养生息，生物恢复；现代生物体系形成；

人类出现！生物发生次级灭绝。

上述分类显示生物大灭绝均发生在激烈板块运动后期，而发生在冰河世纪来临之前，一个值得我们关注的问题是，第三第四纪是否仅仅是白垩纪的延续，如果是，是否表明白垩纪最严峻的大冰河世纪还未到来？（对于冰河世纪会否引发生物灭绝，有一个存疑的原因——由于冰河期间地球缺乏剧烈的火山活动，地壳表面被广泛冰川覆盖，风化作用不明显，相对较难形成冲积和埋藏事件，冰川的移动和融化也会破坏埋藏环境，即使发生了生物灭绝也不容易得到保存，这与大部分生物遗存发现于火山灰掩埋区、沉积盆地或河流冲积区等特殊区域的事实相符）。我们主张另外一方面缘于生物系统本身激烈的生存竞争，收割者的出现彻底改变了古生物系统中以地热等化学能作为支撑生命体系的方式转变为以太阳能支撑的食物链——丛林法则开始主导生物演化。面对突如其来的剧变，适者生存，不适者生淘汰。但是总体而言，大灭绝事件不但没有令物种消失，随着地形地貌及气候多样性的出现，生物呈现越来越丰富多彩越来越高级的趋势。

生物大灭绝、冰河世纪与地质运动之间存在辩证关系。

寒武纪对于地球对于所有生物对于人类而言都是一个关键的历史时刻，没有寒武纪现代板块运动的出现，可能就不会发生寒武纪生物大爆发，也意味着可能没有后来一连串的生物进化事件，没有人类和现代文明的出现，生命系统可能按照达尔文模式缓慢地循序渐进地演化，地球可能仍然处在茫茫海洋和低等的生命阶段。因此，对寒武纪构造运动的评价不管怎样高都不为过，构造运动尤其是现代板块运动的演化对生物起源、生物大爆发具有决定性意义。

正如我们上述分析的结论，生物大灭绝与碰撞造山运动存在正相关。冰河世纪与大陆分裂洋中脊形成存在正相关，在进入寒武纪时代以后发生的数次生物大灭绝都基本对应于现代板块运动的每一次重大汇聚事件的高潮时期，而冰河世纪的出现正好落在每个纪元板块运动峰值过后的时间节点上。研究发现，冰河事件的激烈程度与地壳构成洋陆比例有关，同时与板块运动激烈程度有关。总体而言，海洋面积越大，冰河世纪越长；板块运动越激烈，失去热能越多，冰河事件也相对严重。休伦冰河世纪时期，由于全球大部分地区仍然被海洋覆盖，海水是热传导的不良导体，因此，当地幔热能被完全释放后，海洋环境将更容易造成冰河事件，并且这样光滑平整的外壳将会造成冰河世纪延续更长的时间，是造成休伦冰河期长达数亿年一个重要因素。到 7.5-6 亿年期间成冰纪，大部分大陆已经出露洋面，陆地岩石的存在，帮助地壳更快吸热散热，使冰河周期极大缩短到一亿年。随着加里东运动的出现，广阔的地槽区隆起使陆地面积扩大，地形地貌更多样化，奥陶世末的冰河世纪更是进一步缩短到只有3000 万年。二叠纪末发生了史上最激烈的板块碰撞热事件，使地幔在极短时间内失去了巨量的热能，随即迅速进入一个漫长的失温冷却时期，不但造成了空前绝后的生物大灭绝，这次冰河世纪也相对延长至 8000 万年，并且在随后很短时间内再发生了三叠纪生物灭绝。进入侏罗纪、白垩纪，连续发生了三期构造运动——印支运动、燕山运动和喜马拉雅运动，地壳、水圈、大气圈的获得了丰富的余热，尽管剧烈的褶皱运动造成了史上最著名的恐龙灭绝事件，但是由于印度洋洋中脊扩张规模小，地幔散热程度低，加上到了这个时期，地壳表面已经有近三分之一面积被大陆覆盖，因此第三第四纪冰河事件并不强烈并且变化周期短平快。

1、休伦冰河世纪

生活中一个常见的现象——在终年积雪的地方烧开水，如果我们一直供热，最终水会慢慢烧开，如果我们减少供热，水就会慢慢降温变冷，如果火力太少甚至熄灭，锅里的水就变成冰。地球的热事件我们可以直观地把它看作是岩石圈的沸腾现象。如果核幔圈能够提供过剩的热能，岩石圈就会形变、相变、沸腾引起火山活动，相反由于我们的外太空是一个永恒的温度只有 2.7K 的环境，如果地球内部供热不足甚至停滞，大气圈又不能有效地保留太阳热辐射，地壳就会进入冰冻状态，这只是一个很简单的自然现象。正因如此，即使在同一地区，平原和低矮的山腰处于温暖状态下高耸的山顶仍然可以终年积雪，它们是否呈现冰冻状态关键在于获得的热能能否抵消失去的热能，这也是赤道与极地表现不同的根源，与太阳系处于银河系哪个位置没有关系。在整个太阳系里处于永冻状态的天体占大多数。毫无疑问，地幔持续给地壳供热是维持地球系统保持活力的根本动力，一旦地幔热运动完全停止，地壳将进入静止盖层，海洋将成为雪球并且不可重熔。

我们还不能完全确定太古代是否曾经存在过雪球事件，在24亿年到21亿年期间出现的休伦冰河世纪，是第一次有明确地质记录的雪球事件。在这次冰河世纪来临之前的27-25亿年期间发生了一次阜平运动，太古宙地层普遍发生变形、区域变质，并伴随大量花岗质岩浆侵位，这是太阳系后期重轰炸事件结束后，地球依靠自身引力势和长周期元素衰变等因素使上地幔处于热熔状态，巨大热柱带动深部岩浆持续上升使地槽区热隆，引起碎片大陆焊接形成被称为肯诺兰的前古陆。随着24亿年期间肯诺兰大陆发生裂解，地幔累积的热能迅速释放。

学术界一致认为，太古代产生大量的高级变质岩，可能与该时期热事件频发有关。在元古代18-14亿年期间则非常缺乏变质岩，而由大量的沉积岩盖层营造，并产生巨块状斜长岩以及环斑花岗岩。其中斜长岩的成因一般认定与深部地幔的热隆有关。1988年美国召开的关于斜长岩环斑花岗岩成因的"彭罗斯会议"指出，环斑花岗岩并非由造山运动引起，而是岩浆大规模底侵的结果。后续研究进一步确认大陆裂解的引张环境也是其中一个重要成因。表明休伦冰河期一段很长时间地球的构造运动相对沉寂，由于在阜平运动与吕梁运动期间地球内部热能已经大幅逃脱，该时期地球内部处于冷状态。另据研究发现，直到元古代止全球规模最大最具代表性的斜长岩环斑花岗岩大部分发育于北半球，可能代表直到该时期，地幔热熔仍然未大规模流变到达南半球区域，与我们地幔演化动态模型的"半球分异"特征以及软流圈随时间逐步"由北向南"推进发展模式基本吻合。这种情况极大地制约了地幔产生热能的规模。由于广泛的陆地出露洋面，风化作用过程消耗了大量二氧化碳，使早期的还原性大气圈得到重大改造。同时经历了约10亿年的进化，藻类光合作用释放的大量氧气，帮助大气化学组分由还原性演变成氧化大气，极大地降低了温室效应。

正是基于元古代持续近二十亿年时间内幔壳主要处于热隆-伸展状态，大陆一直隆升加厚，洋壳一直拉张减薄，造成前古陆分裂，地球内能彻底释放后，幔壳整体上表现为低温特征，氧化性大气也不能有效截留太阳热辐射，气候表现为寒冷，出现长达数亿年的休伦冰河。

2、瓦兰吉尔冰河世纪

27-25亿年期间发生的肯诺兰事件及19-15亿年期间哥伦比亚古陆拼贴-分裂旋回事件后，地球近十亿年期间一直维持温寒大氧气的环境，这种环境非常适合生物的生长，是该时期大量真核生命涌现的主要原因。进入10-8亿年晚元古代，地球经历了格林维尔造山运动，晋宁运动，造成大量岩浆喷出地壳，使地球经历了一个气温短暂飙升的阶段。随着罗迪尼亚古陆的裂解，前后两个时期重大激烈的构造运动使地球内热得到彻底释放，地幔、岩石圈、水圈、大气圈温度迅速下降至温寒状态，促使距今 7.5-6 亿年发生了瓦兰吉尔冰河，这次雪球事件在现今所有大陆上基本上都留下了清晰的地质记录，而这种低温环境较适合生物繁衍进化，震旦纪更进化出高等植物和多样性后生动物——埃迪卡拉动物群，到达寒武纪进一步发生了生物大爆发。国际地层学界是以生物遗传作为震旦系寒武系地层划分的基准，而非基于地质运动，可以从另外一个侧面说明震旦纪-寒武纪期间并没有发生重大热事件，是一个平稳延续的地质时期。因此，我们认为震旦纪并没有发生生物灭绝事件，这一结论与朱茂炎研究员在 2017 年 3 月发表在《地质学》杂志上的成果高度一致。较早时期非常繁盛的叠层石在震旦纪后期急剧下降以及软体动物的突然消失表明该时期已经进化出收割者。体形巨大结构完善的奇虾不可能是寒武纪突然冒出的产物，它应该在震旦纪已经开始出现并进化，之所以还没有在震旦系地层中发现它的化石与震旦纪地质运动特点有关，但是不排除日后有所发现的可能性。在震旦纪时期很少发现火山碎屑，岩石没有发生变质或只存在轻变质，大部分地区形成滨海或浅海沉积，说明这一时期地质运动相对平静，海洋环境较利于生物生活，这是震旦纪能够出现较以往任何时期都发达的生物进化的原因。另外该时期发生了长达数千万年的瓦兰吉尔冰河事件，表明该时期气候寒冷，海水含氧量以及大气圈处于高度氧化环境，都非常有利于生物的生存进化。

寒武纪继续延续了震旦纪的气候，全球大部分地区以滨海、浅海沉积为主，代表地壳处于上升增生状态。随着地幔进一步上升，洋壳拉伸减薄，太平洋洋中脊进入扩张阶段。根据李京昌等人研究，华北克拉通西板块——塔里木地区寒武系地层延续震旦系模式处于深海-半深海裂解沉积环境直到奥陶纪[李京昌等]。这些证据均显示，震旦纪冰河事件不但没有摧毁生态系统，反而为寒武纪大爆发完成了前期的充分准备。只是由于后期寒武纪有壳动物以及大量收割者的出现，生活在震旦纪的生物迅速沦为弱者，在激烈的竞争中被淘汰而已。

3、奥陶纪及泥盆纪两次生物大灭绝与板块运动的辩证关系

3，1 大灭绝事件

奥陶纪（4.85-4.38亿年）泥盆纪（4.05-3.5）分别在4.45亿年3.6亿年发生了生物大灭绝事件，其中奥陶末的这次大灭绝，发生在4.431亿年前到4.429亿年前的20万年间，约85%的物种灭亡，约27%的科与57%的属灭种。泥盆纪时全球 82%的海洋物种灭绝，浅海的珊瑚几乎全部灭绝，深海珊瑚也部分灭绝。[詹仁斌等]

3，2 构造运动

在经历了近40亿年漫长而缓慢的演化后，在此前后约3亿年期间发生了生物史上最重要的震旦纪生物大跃进过渡到寒武纪大爆发，以及奥陶纪末泥盆纪末两次生物大灭绝事

件，其生物体系密集演化的程度前所未有，而这个时期也是构造运动由太古代元古代以垂直运动为主的热隆-伸展发展到以水平运动为主的汇聚-俯冲的现代板块运动的重大变革时期。6-5.15亿年期间发生了泛非运动，震旦纪末罗迪尼亚古陆重新汇聚后大陆面积得以进一步拓展，在5.4亿年潘诺西亚大陆裂解。从奥陶纪开始到泥盆纪，全球大范围发生了加里东运动。可以认为，从成冰纪瓦兰吉尔冰河事件开始的震旦纪到寒武纪持续了超过1亿年相对稳定的地质年代后，进入了活跃的现代板块运动阶段。而这样的重大地质构造方式的突变正是生物进化的根本动力。

　　发生在奥陶纪志留纪泥盆纪期间的加里东运动是现代板块运动形成以后第一次重大的地质运动。具有如下三方面特征——规模大涉及范围遍布全球；时间跨度长，奥陶纪、志留纪和泥盆纪的构造运动原则上都纳入此次运动范畴；前期以热隆-伸展运动为主，大量地槽区隆起形成新大陆，构建了数量众多的大陆架，拥有了更多的湿地沼泽地，为湿地生态的形成创造了条件，是石炭系拟鳞木等植物造煤事件的重要基础。后期增加了汇聚褶皱和推覆构造，形成了一系列大型的褶皱山脉。这次运动不但在漫长岁月中缓慢而持续地释放了巨量的热能，使元古代还原性大气结束后的富氧大气及时补充了新的温室效应体制，同时全球陆地面积得到空前扩大，彻底改变了前寒武纪以台地为主的古大陆结构，使地形地貌正式走向多样性，为后期洋流结构和全球气候进一步复杂化以及陆地多样性生态系统的形成提供了基础。从此以后地球逐步形成了多纬度多海拔地形及横向纵向立体生境，为大灭绝事件中生物的幸存、重新壮大提供了丰富的庇护所。

中国地质大学任晓栋通过对阿根廷普纳高原岩石的研究得出，该地区花岗岩由 4.89 亿年前寒武纪太平洋弧后伸展环境构造，到 4.66 亿年奥陶纪转为挤压构造 [任晓栋]，这个成果与我们的模型基本吻合。我们认为，寒武纪开始地幔巨热柱上升，带动古太平洋洋盆下伏莫霍界面抬升引起了古太平洋裂谷的生成，太平洋洋中脊进入快速扩张阶段，潘诺西亚大陆分裂。亚洲大陆被动向西漂移，美洲大陆则向东移动。这一事件正好造成了太平洋弧后伸展的环境。进入奥陶纪，美洲大陆碰撞挤压欧洲大陆，引起古大西洋洋盆关闭，两大洲之间的地槽区巨厚的沉积层受压隆起，引发了加里东运动。早泥盆世时，北美仍然是一个低洼的大陆，加里东运动在欧洲大陆与美洲大陆之间北部地槽区开始激烈抬升。受到来自太平洋脊持续扩张的动力，美洲大陆继续东移对冲地槽区形成推覆构造。阿巴拉契亚山脉进入构造时期，在整个美洲东岸形成广阔的盆岭构造。

随着亚洲大陆西移，中朝-塔里木地盾同时进入加里东造陆造山运动期。中奥陶纪华北克拉通整体抬升，南北陆缘均发生洋壳入侵俯冲事件，进入陆缘增生隆升拼贴扩大的重要阶段 [邬介人]。进入泥盆纪，随着广阔的地槽抬升，不但陆地面积得到扩大，更重要的是在活动大陆边缘形成庞大的岛弧、浅海岛礁、潟湖群，陆内形成了数量众多的内陆湖，沼泽地，为湿地生态系统创造了一个非常有利的环境，蕨类植物逐步繁盛，昆虫和两栖类正在兴起，这样的构造特点也为该时期形成广泛的陆内沉积创造了条件。奥陶纪前期，构造运动仍然以热隆塌陷的升降为主要表现形式，经历过剧烈的火山活动，随着广泛地槽区的隆起，地壳运动进入活跃阶段，这一时期发生了地球历史上最剧烈的海侵。到了奥陶纪后期，全球均发生重要的构造运动、岩浆事件和热变质作用，先后形成了乌拉尔、阿巴拉起亚山脉等褶皱山系，极大地改变了全球地形地貌格局。寒武纪建立起来的洋陆结构被彻底改造，保持了数千万年的温寒环境也在短短数百万年内被急剧升温和急剧降温所破坏，寒武纪形成的稳定海洋生态系统被迅速改造为奥陶世的浅海生态系统，并在随后不久的冰河世纪中进一步淘汰。

3，3）安第-撒哈拉冰河

在 4.5-4.2 亿年奥陶纪、志留纪期间，大部分大陆已经完全出露海洋。泛古陆形成陆地纵深，气候多样性形成。在此期间全球处于加里东运动阶段，这次构造运动实质意义上可以看作是一次延续奥陶纪、志留纪、泥盆纪长达一亿年的热事件，在此期间先经历了前期奥陶世的热隆、志留世的强烈褶皱后经历泥盆世的伸展运动，由前期的热事件演化为后期的寒冷环境，同时随着古太平洋裂谷的扩张，太平洋洋中脊的生成，地幔热能持续长久猛烈释放，随后发生了安第-

撒哈拉冰河事件。这三个地质年代地球岩石圈、水圈、大气圈似乎经历了一个这样的演化过程，前期大量热事件使温度上升至一个空前水平，随着热能释放迅速进入冰河世纪，接着后期再一次发生次级热事件结束该亿年周期。由于前期热事件并没有使所有热能释放殆尽，这次冰河世纪仅存在了3000万年便结束。这一时期随着大陆面积增加，形成了广阔的大陆架、浅海岛礁，这些生境里形成了丰富多彩的生态系统。由于浅海大陆架普遍受到阳光直射以及沙质海岸环境吸热放热的影响，这种生态一般比较适应偏温暖的海洋环境生存，因此这种地带成为该时期重要的生态特征。冰川的出现，大量移动的冰山必定对浅部海床拖曳，寒冷的洋流下沉，大陆丰沛的融化冷水团入侵海岸，这些情况必然对该已经完全适应了温暖环境的生态系统产生不可逆转的创伤。这是该时期大量浅海生物发生灭绝的其中一个重要因素。

4、石炭纪、二叠纪、三叠纪的板块运动、生物大灭绝和卡鲁冰河世纪

随着泥盆纪的结束，地壳已经被广泛的大陆覆盖，碎片化的大陆已经基本焊接，大陆内部、边缘形成了前所未有的湿地、沼泽地、湖泊、河流，石炭纪是一个持续温暖湿润的世纪，非常适合仍然高度依赖水环境繁殖的蕨类植物生长，高大的拟鳞木遍布全球各大陆区，为后期煤气埋藏创造了物质条件。随着二叠纪的到来，早前闭合的古大西洋重新裂解，泛古陆分裂使美洲大陆与欧洲大陆分道扬镳，欧洲大陆东移

与亚洲大陆发生汇聚碰撞，该时期是欧亚大陆最重要的拼合期，也是地球历史上最激烈的造山运动、造陆运动时期，全球大部分褶皱山脉和大陆都由这一时期形成。尤其是前期北半球的海西运动和后期的印支运动，更是欧亚大陆成型的重要阶段。随着古特提斯洋闭合，亚洲东北、北部、西北等区域热隆焊接，大量石炭纪形成的湿地沼泽地消失，水环境、气候被重大改造，蕨类植物被活跃的火山活动、风化物质掩埋，成为历史上最重要煤气成矿期。不但北半球，南半球的南极洲澳洲非洲南美洲等地也发现丰富的石炭世二叠世煤埋藏，表明这一时期全球的气候一直处于温热环境之中，而后期激烈的构造运动同样具有全球性。

4，1）3.6-2.6亿年间卡鲁冰河时期，为什么只对赤道以南南半球非洲南美洲澳洲南极洲等地区产生影响，北半球没有发生冰川现象，学术界普遍观点认为，可能该时期北半球大部分地区是开阔海域的缘故，这个观点根本不可能站得住脚，因为发生在24-21亿年前的休伦冰期几乎整个地球表面都是开阔海洋，为什么那时候可以形成长达数亿年的冰河世纪呢，另外太阳系大部分卫星表面都被海洋覆盖，而这些卫星表面整个都是雪球，由此可知，这个解释不成立。那么是什么原因在同一个环境同一个时间段里北半球与南半球之间气温产生如此巨大的差异呢？

我们知道，从石炭纪开始发生了一次全球性构造运动——海西运动，这是一场跨越晚泥盆纪、石炭纪、二叠纪的重大热事件，整个地质时期北半球激烈的碰撞释放出巨量的热能，这是地球历史上最剧烈的造山造陆运动时期。随着二叠纪末北美洲地槽持续抬升，大西洋洋盆重新打开，欧洲大陆与美洲大陆再次分离，欧洲大陆向东移动与西行的亚洲大陆汇聚，造成乌拉尔山脉褶皱隆起，东北亚西北亚兴安岭褶皱带、秦岭褶皱带形成，俄罗斯板块和西伯利亚板块焊接，受到大西洋扩张驱动，北美洲大陆向地槽区推覆逆掩，一系列碰撞褶皱运动使整个北半球处于巨大热环境中，这一时期北半球整体热隆，形成众多的陆间海、湖、湿地，沼泽地，温暖湿润的环境成就了大片高大的拟鳞木蕨类树林。北半球这种碰撞汇聚的热环境从石炭纪持续到早白垩纪，形成了长达两亿年的欧美-华夏植物群和热河生物群等。同一时期南方处于冈瓦纳大陆分裂，没有碰撞事件。这个结果与我们上述统计分析得出的结论一致，即碰撞事件中地壳、大气圈、水圈获得的热能将大于散失的热能，这样的系统得以保持温暖，若仅仅只有分裂事件，地球内部散热的速度将大于获得热能保留热能的速度，地壳处于失热状态，将出现冰河世纪。这样一个冰火两重天的大时代正是引起史上最惨烈大灭绝的根本原因。

　　4，2）2.75亿年石炭纪、二叠纪时期，华北华夏地块仍然未完全焊接，其间为边缘海洋所分隔，属于群岛地形，我们由该时期的华夏植物群表现为热带雨林得到验证，而同时大西洋未完全裂解，欧美地区显示出干旱半干旱状态，表明欧美大陆仍然连接在一起。[孙克勤]。随着泛古陆裂解，南半球持续南移，到石炭纪时冈瓦纳古陆经历过一次冰川活动，表明该南方古陆在这一时期已经达到南半球高纬度地区。北半球从二叠纪开始到晚二叠纪气温快速回升，显然欧亚大陆已经最先由西北部焊接并开始向西南递进。可能是三方面原因造成，其一受到地球自转角动量作用，大陆板块整体向西北方向移动；其二，从加里东运动开始，地槽首先由北方挤压隆起，造成北西北区域大西洋最先扩张；其三，西伯利亚板块是一块非常古老的板块，并且在 2.52 亿年期间发生了一次规模巨大的火山爆发，对生物大灭绝产生重要影响。当亚洲华北-塔里木克拉通北进时，很容易先由中蒙西段地槽区焊接，乌拉尔山脉正是在晚二叠纪时期褶皱隆起形成的。这种板块运动的特点使欧美北方，欧亚北方部分地区形成温寒气候，随着陆地面积扩大，进一步形成内陆型季风气候，干旱半干旱。从整体上看，中国境内陆地时空变化先西后东，先北后南，可能与欧亚大陆汇合才促使亚洲大陆东部与太平洋板块碰撞的原因造成。这样的构造特点非常贴合二叠纪生物大灭绝以及冰河事件对南北两个半球分别产生不同响应的特征。奥陶纪至早泥盆纪时期太平洋洋中脊扩张期间引起安第-撒哈拉冰期，由于后期发生了加里东运动产生的热能冲抵了散热的程度，促使这次冰河世纪仅持续了3000 万年，而石炭纪二叠纪大西洋的扩张叠加了太平洋洋中脊重新进入活跃期以及冈瓦纳古陆的裂解等事件，全球尤其是南半球仍然处于大型散热状态，使该时期地球东西两侧同时发生大规模散热事件，尽管同时期发生了多地热隆碰撞运动抵消了部分散热效应，仍然失热远远大于产热，从而引发了晚二叠纪长达近亿年的卡鲁冰河世纪。

4，3）从3.6-2.05亿年期间约1.5亿年时间里，地球先后经历了海西运动和印支运动，地质年代跨越石炭纪、二叠纪、三叠纪。如果我们把这个周期与上一个周期加以比较，能够发现一些微妙的变化，这些变化能够给我们什么启示？

前一周期由奥陶纪、志留纪、泥盆纪组成，时间跨度为一亿年，板块运动以及气候经历了这样的一个周期——温暖、高温、降温、冰河、再升温，生物则发生了多样性恢复、大灭绝、休养生息、再灭绝循环。按照一般规律，若灾难事件仅维持短暂时间，不会造成生物圈重大伤亡，但是每一次特大地质事件不但烈度大而且时间跨度往往超出生态系统承受和恢复的极限，这两个因素是造成生物大灭绝的根源。奥陶世泥盆世两次灭绝事件之间出现了一个短暂的志留世，使生态系统得以喘息，从历史角度看，泥盆纪的生物灭绝似乎可以看作是奥陶纪事件的一次延续和尾声。从这个角度出发，由泥盆纪生物灭绝后到二叠世生物大灭绝期间也曾出现了一个气候温暖的石炭世，帮助生物得到一个喘息休养生息的机会。但是令人惊奇的是，在二叠纪生物大灭绝事件之后，在一个接续的冰河世纪后随即迎来了第二次的三叠纪生物灭绝事件，这次灭绝事件是否可以象前一个周期一样，看作是二叠纪大灭绝的延续和尾声？在如此短促连续的时间内持续发生如此重大事件是否表明进入二叠纪后现代板块运动进入了地质运动历史上最激烈成熟的高潮？经历了这次激烈构造之后，地球的板块运动是否已经越过了高潮开始进入下坡路，还是这仅仅是地球板块运动一个巨大的长周期，未来数亿年仍然会再一次出现这样重大的循环事件呢？现代板块运动还能走多久，生物演化还有没有更高级别的出现，如果这些迹象表明板块运动已经度过了高峰期，是否说明地球开始进入热运动的晚期，大冰河世纪会很快出现吗？这些疑点非常值得我们深入讨论思考。

5、白垩纪生物大灭绝事件的动力学根源

经历了二叠纪大西洋扩张事件后，欧亚大陆全面拼合，受到大西洋洋中脊扩张力量的驱动，欧亚大陆持续向东折返并与西行的太平洋洋壳发生汇聚碰撞。随着太平洋板块俯冲到亚洲大陆东海岸，东部、东北部大片区域进入活跃隆起阶段。整个侏罗纪全球处于热事件的大环境之中，是造成侏罗纪一直保持温暖湿润气候成为生物繁荣的天堂的主要因素。

在冈瓦纳古陆裂解后，澳洲、南极洲、非洲、南美洲持续向南半球高纬度地区漂移，并于晚侏罗纪早白垩纪期间到达南极，与古老的南极陆壳发生激烈碰撞。根据太阳系类地星球半球分异现象以及对南极大陆进行的一系列现代科学考察，我们了解到原始南极大陆是一个厚重的地壳岩石圈，尤其是东南极洲属于早寒武纪地质，当早白垩纪冈瓦纳古陆与南极发生碰撞时，引发了一系列较强的造山造陆运动，西南极洲新构造事件发生在白垩纪和第三第四纪以后。这次碰撞汇聚事件促使印度洋洋中脊形成并进入扩张期，澳洲大陆受到印度洋洋中脊扩张驱动向北折返，非洲地区则同时受到印度洋—大西洋西南连线洋中脊向北西驱动，引起了地中海亚丁湾地区张裂和东非大裂谷的断裂。然而，由于南极大陆地壳厚重，地幔软流圈未充分发育，下伏缺乏大熔岩省，没有足够的岩浆提供热隆喷发，造成印度洋洋中脊成为超慢速扩张洋脊，其释放热能的行为表现为不连续的，缓慢而轻量级，加上太平洋洋中脊、大西洋洋中脊持续处于稳定扩张阶段，这样的散热事件并不能与历史上的几次散热事件相提并论，这造成了第三第四纪冰河世纪的规模、持续时间都相对较轻，与前几次冰河世纪无法相比。

　　随着印度洋洋中脊的扩张，印度板块、菲律宾板块持续向北运动与欧亚大陆发生激烈碰撞，引起了喜马拉雅造山运动，亚洲大陆得以全面抬升，从此以后脱离海洋环境成为广阔大陆。东北非阿拉伯、伊朗半岛向东北的侵入和印度板块对欧亚大陆的挤压，喜马拉雅山山脉的隆起，再一次从根本上改变了地球的洋陆结构，影响了水圈、大气圈的运作，极大地改变了植物生态系统，显花植物替代了作为恐龙主要食物的植被，食物变得异常紧张，对于已经极化的巨大恐龙家族而言，如此激烈的系统性改变是足以致命的。一般情况下，体型巨大的植食性恐龙在不同季节需要长途迁徙到不同牧场才能有足够的食物维持生计。白垩纪欧亚大陆同时受到来自西方大西洋脊扩张、东方太平洋板块俯冲、南方印度洋板块向北汇聚、北方西伯利亚板块南下碰撞四个方向的挤压，形成南北向东西向褶皱造山带，这些密集的高山峻岭同时发育出广泛的发达的内陆河流，彻底改变了大陆结构，不但改变了气候及植被结构，同时几乎完全阻隔了大型植食性恐龙的迁徙路径。食物的急剧缺乏加上生存范围的碎片化，加上新的竞争者大量涌现，这些新生力量显得更快更强，造成食物链竞争空前激烈。这些巨大体系的动物，如果失去年度迁徙，将没有办法在旱季或寒冷季节获得足够的食物补充，其后代更加缺乏合适的环境繁衍生存，这些生物的灭绝将引起生态骨牌效应，造成恐龙家族的全面消亡。

6、第三——第四纪冰河

3000万——1万年前新生代第四纪冰川，其影响力大于第三纪，因此新生代冰川事件一般指第四纪。从目前掌握的数据似乎表明冰冻程度呈现加剧趋势。鉴于印度洋属于全球超慢速扩张的洋中脊，地幔深部热柱并未驱使裂谷完全打开，我们是否可以认为白垩纪的大冰期仍然没有到来，从过去历史中我们看到小冰河周期缩短至几十万年到几万年，是否表明冰河世纪正在越来越逼近。一个现象从侧面验证了我们的结论，尽管自白垩纪以后气候周期发生了频繁改造，但是地质运动反而进入了稳定发展的时期，事实说明冰河世纪不一定会摧毁生态系统，相反往往有利于生物恢复生机，现代动植物大量物种包括人类的出现几乎都是进入第四纪以来开始获得重大进化的，个别生物物种的消失可能出于人为因素关系大于地球系统的作用，东非大裂谷的形成与类人猿进化成为人类的事件以及奇蹄、偶蹄生物在大草原的进化等再一次证明构造运动对生物进化的影响力。与此相对应的是由于形成了多样性的地形地貌以及复杂多样的生物圈，反过来加快了地球冷热周期的演化，即使冰河时期出现也能够更快结束，这是生物圈对地球核幔圈岩石圈的回应。生物活动尤其是广阔的植被有利于减少冰盖对太阳光的发射，增加二氧化碳排放，植被还可以保护地暖，使冰川加快融化，气温加快回升，有效降低冰河严重程度，冰河加快结束。

根据上述我们的研究结果，有几个值得思考的问题提出来供大家参考。

纵观地球演化历史，只有突发性的、全球性的海陆结构发生重大改变才能促成生物物种的作出明确的定向选择，要么被淘汰，要么适应性进化。存活下来的物种未必是最强大或最聪明的，往往是最能适应性改变的机会主义者[达尔文]。由于经历了漫长岁月的、稳定的生存环境的胁迫、塑造，旧物种往往已经与旧的气候、地理环境、食物链位置融为一体，逐步形成了惰性适应甚至进一步发展到特化极化，对系统产生了高度依赖，这种生存环境一旦出现剧变将无法在有效时间内作出改变。而在旧物种统治的时代，新物种原来的生存往往是艰难的，它必须发展出种种应变能力以求得生存机会，这种因应环境改变作出的适应性为它们准备了有效基因，当压制它的主宰物种衰落后将给了它们蓬勃发展的机遇。在这个过程中一些旧物种能够表现出顽强的生命力，历史上没有一次大灭绝能够从根本上抹去旧物种。

从那时候开始直到 7.5 亿年前才出现了第二次冰河世纪——瓦兰吉尔冰河，时间跨度达 14 亿年，而进入寒武纪以后就先后出现了四次冰河世纪，时间跨度缩短到数亿年到一亿年，其密度变得非常频繁。我们推测其原因可能有如下几方面：其一，由于太古代大气圈仍然以还原性气体为主，能够有效保留太阳的热辐射，也能够有效保留岩石圈构造运动释放的热能。其二，太古代地壳仍然以海洋为主，陆地面积可能仅占全球表面积约 5%以下，尽管发生了多期次的热隆-伸展，拼贴-裂解构造运动，但是地球内能并没有彻底丢失，而是被海水大量吸收并储存。由于海水具有较好比热，能够较长时间保存并缓慢释放能量，因此洋面能够得以保持流动性。其三，经历了太古代元古代绿色生物的繁衍，即使到了现代，生物界整体上仍然保持消耗二氧化碳增加氧气的总态势，加上元古代以后洋陆结构发生了重大改变，广泛陆地出露洋面，强烈的风化作用形成的沉积层，有效地封存了大量的二氧化碳，使大气圈中始终保持较强的氧化环境，这种大气结构可能更容易形成雪球。其四，可能表明板块运动越激烈，地球内能释放也越快，同时内部热能累积速度也相应加快，使冷热周期极大缩短。其五、岩石表面吸热散热效率要远远高于海水，当地壳表面获得的热能急剧下降，将更容易出现冰河事件，但是，复杂多样性的地形地貌和广泛的植被也能有效缩短冰河的时间。侏罗纪、白垩纪以后的构造运动增加了一种新的方式——板片俯冲。大部分学者认为，板块运动是地球散热的一种方式，我们认为，通过板块运动一方面使地幔内部热能得以释放，同时在俯冲过程中更是一个产生热能的过程，而且这种方式产生的热能效率要远远高于由引力势或放射性元素产生的热能。在第四纪才出现一次冰河事件，而且无论规模、雪球范围，还是持续时间，对生物的影响均无法如之前的几次冰河事件相提并论。在经历了二叠纪、三叠纪、侏罗纪和白垩纪达2亿多年温暖气候后，再一次出现冰期，是否表明以俯冲形式发生的板块运动已经过了高峰期，地球内部产生热能的方式即将重新进入引力势、放射性的原始方式，如果是这样，那么地幔产生热能的能力将大大下降，小冰河期还能维持多长时间，是一个非常值得研究和关注的课题。因为，一旦失去了俯冲产生热能的方式，意味着地球产生的热能可能不足以抵消散失热能的速度，则有可能在某一个时刻开始，大冰河事件会重新出现。一个长达数千万年的冰河事件其造成的伤害将是无法估计的。板片俯冲是否是一种抑制冰河世纪出现的重要方式，俯冲产生的热能是否足以改变地球散热的速度，这种俯冲运动还能持续多久，因此，人类必须提升对形成冰河的机制以及板块俯冲之间的辩证关系的深入研究。

比较三大洋中脊发育状况，印度洋洋中脊是冈瓦纳古陆与南极大陆壳汇聚碰撞引起发育的扩张带，由于南极大陆壳厚度大，长期处于极地寒冷环境，其下伏地幔产生的热能被吸收消耗，很难形成大熔岩省，难以提供足够岩浆供洋中脊扩张，因此由超慢速扩张发展到慢速，甚至发展到类似于大西洋的中速，仍然需要长达数千万年时间，最终结果能否达到仍然是未知数。这种情况下，印度洋洋中脊没有足够的地幔熔岩供裂谷带形成大规模岩墙，其散热周期断断续续，不是连续的，热能释放少而缓慢，使地球内部不至于在极短时间内突然失去大量热能。其散热速率与板块俯冲产生的热能几乎相抵。加上太平洋大西洋可能会持续数千万年保持稳定演化，据此我们认为出现类似过往那样巨大的冰河世纪的可能性极低，但是明显地印度洋洋中脊扩张仍然未进入高峰期，在未来可预见的时间内再次出现第四纪冰河世纪那样长达万年的小冰期的可能性非常高，相信这种程度的冰河世纪对"娇气"的现代社会现代人类的冲击非同小可。

如果冰河世纪真的到来，人类怎样度过冰河期？

通过上述对比分析，我们初步了解了板块运动与冰河事件之间的辩证关系，这仅仅是一个粗糙的框架，仍然欠缺很多细节。由于历史上几次冰河世纪受到后期地质运动的破坏，丢失了大量信息，而第四纪冰河仍然没有结束，我们对印度洋洋中脊的研究仍然处于初期的探索阶段，这是一个非常好的窗口。通过对该处扩张细节的探索，洋中脊轴部地幔发育状况以及热液的观测，记录地球内部热能（地温）、地幔熔岩省的变化量，它们的演变规律与第四纪冰河世纪变化规律之间存在怎样的关联，对我们研究冰河形成机制，预测下一次冰河事件的发生重要意义，这需要政府、社会机构投入大量人力物力时间，以及多学科学者的共同努力，这个工作对于人类的生活乃至生存有着密切关系，是一件很有必要的事情。

如果最终证实地球的冷热周期是板块运动的结果，那么冰河是人类必然遭遇的不可回避的事件。有人把十八十九世纪持续数十年冬天长时间寒冷，夏天长期干旱的天气称为小冰河期，我们不赞成这种提法。这种说法有可能泛化冰河事件，混淆地质史上冰河的概念，不利于对冰河事件形成机制的研究。我们建议把地史上几次冰河时期称为大冰河事件，期间与间冰期相隔的时期称为小冰河期——例如第四纪冰河期间共出现了六次小冰河期（我们怀疑，在历史上出现长达数千万年以上的大冰河事件也曾反复出现多次间冰期和小冰河期），把类似十八十九世纪的事件称为极端天气。

冰河期的来临，不会给人类很长时间去适应，它可能在短短数十年或百年间突然进入冰河模式。人类或许已经为应对温室效应全球气候变暖做了很多研究和准备，可是面对冰河人类可能更措手不及。由于"雪球事件"与普通的极端寒冷气候具有不可比性，其时间跨度可能长达数百年、千、万年甚至数十万年（最近的一次冰河世纪从一万八千年开始到一万年前结束，时间长达 8000 年，比人类进入父系氏族社会至今的时间还要长），受影响范围遍及全球全人类，因此它带给人类的危机要远远大于温室效应，尤其在生态系统如此脆弱，生物多样性遭受严重打击而人类社会却大都会林立，全球城市化、数字化、空心化程度如此高，而大杀伤性武器如此多的现代社会。

主要有如下多个方面：

1、冰河时期来临前夕，可能会出现一波密集激烈的构造运动，全球多地区猛烈的地震以及频繁的火山活动，对于高度聚居的人类将带来难以估计的重创。接下来长期的干旱、高温，虫害再一次消耗大量人类赖以生存的资源。在这种极端恶劣的情况下，冰河突然降临，从一个极端瞬间进入另外一个极端，物种多样性雪崩式恶化。

2、食物危机难以逆转。在人类祖先生活的时代，广袤的自然资源，可以养活极度少量的人口。但是，现代地球刚好相反，极度贫乏的自然资源，膨胀的人口，过度的消耗浪费，造成地球无法承受这种负荷。加上冰河来临，农、林、牧、渔、制造、商业全面丧失运营能力，人类赖以生存的耕地将被冰原代替。漫长的低温天气使内陆河流失去流动性，矿物及海洋生物需要的营养成分得不到补充，风力也不能为海洋带去微量元素，洋流也可能停止运转，食物链将受到致命打击。在这样的情况下可供给人类生存的食物将达不到最低水平，全社会面临食物短缺，并且持续百年数百年不能得到解决，将造成大量人口饿死。

3、我们的社会高度依赖能源、电力、网络、通讯，长期的冰冻将阻碍能源的开采、提炼、传输，失去能源的现代社会是不可想象的，必将引起电力及通讯的全面垮塌。人类将得不到最基本的保暖，而现代人与我们的祖先比显得非常"娇气"，在极端恶劣环境下生存的能力极低的情况下，将造成大量人口冻死。

4、航空、航海、铁路、公路交通运输，整个物流将陷入停顿，不但城市、包括大部分地区将失去生存生活用品，失去饮用水，同时失去排污排涝功能。垃圾污染，病毒肆虐，无法及时作出应对，也无法及时使药物流通，大量人口病死。

5、社会性结构、道德、文化、心态的全面崩溃，人类可能堕落成为高度危险凶残的野兽。战争、暴行，整个人类社会将陷入无政府状态，剩下的人口将相互杀死。

6、失去生育意愿和生存意愿，不但人类社会面临巨大危机，并将彻底摧毁生物圈。

面对这些危机，全球还没有一个政府、一个社会机构、一个学术组织全面地、系统地进行研究和规划，这是令人忧虑的。冰河世纪的出现意味着地球可能同时进入地震火山活动的甚大年，这些重大事件叠加在一起将给现代文明带来巨大挑战，因此加强板块运动与冰河事件关联性研究迫在眉睫。我在第二章中倡议的全球板块三级分类体系可能为这些研究建立基础模型提供参考，希望能够吸引一批学者参与探索，为人类减灾预测工作出一分力。另外一个值得关注的课题是，人类活动产生大量还原性气体，可能有效地阻挡冰河世纪出现的机会。根据金星现代构造学我们似乎可以得到某种启发，尽管金星几乎已经停止大规模地质运动，由于拥有厚重的还原性大气，得以囚禁吸收自太阳的热辐射长期保持高温状态，预示着大气层的结构对星球温度的影响非常重要。

我们认为现代板块运动既是生物大灭绝的最重要外部机制，同时也是生命进化的最大外部驱动力，而这一切的根源来自于地球内能产生的热运动促使全球岩石圈和大气圈的改变，这台发动机一旦放慢或停止运转，将改变地球命运。虽然生物进化有其自身独特的规律，每次生物大灭绝可能各有与众不同的成因，但是有一点必须明确，我们不能脱离地球自身系统去地球以外寻找灾难的原因。随着熵增地球已经由一个线性的初始化系统演化为混沌复杂的综合系统，对系统演变的预测将牵涉越来越多的因素。但是理论上不论是板块运动，冰河世纪都必定经历一个由量变到质变的过程，只要人类坚持长期观测，是可以发现其微观变化的蛛丝马迹，从而预测其突变出现的时机。自然界有一种现象，当山坡上的积雪达到一定临界状态时，一个轻微的外部诱因即可引发一场雪崩，哪怕仅仅只是一个响亮的声音，但是即便没有这个外因，只需要增加一点点降雪，在自身重力作用下雪崩仍然会发生。我们建议，把板块运动、火山地震、生命起源事件、生物大爆发、大灭绝以及冰河世纪、气候变化等各种自然现象归结为地球自体系现象，以地球本位思想为立足点，以系统理论为工具探索其触发机制及发展规律。

六、生命起源以及为什么必需经历那么久的进化

世界上有两种非常神奇的生物，一种叫叶绿体，它能够通过一系列定向的氧化反应把宇宙间含量最丰富、结构最简单的碳氢化合物———二氧化碳水解成碳水化合物，从而使地球能够进化出高级生命，揭开生命起源之谜的圣杯可能就隐藏在叶绿体的身上。另外一种神奇的生物叫细菌，它能够通过一系列还原反应把构成生命的碳水化合物重新转换成碳氢化合物，使形成生命的材料源源不断地重复使用，确保了生命生生不息。

生物进化的过程严格意义上来说，其实就是一个逐步脱离对水的依赖以及生殖器官逐步发育成熟并且由体外受精到体内受精成长的过程。植物系从完全水生的藻类植物进化到阴湿环境生长的地衣苔藓类，到仍然依赖水合作用繁殖的蕨类植物，最后进化到基本可以"脱离"水环境繁殖的种子植物。在地球上生活了长达十多亿年的叠层石可以看作是生物征服陆地的第一次尝试，由于没有进化出根系以及降解岩石的化学物质，未能实现直接从土壤中吸收水分和营养物质而不能脱离对水环境的依赖最终以失败告终。动物系同样遵循着相同的进化路径。从最开始水生环境的海洋生物到半干湿环境的两栖类，到几乎可以离开水环境的爬行类，最后进化到可以完全陆生的鸟类和哺乳类。就像我们从宇宙膨胀倒推

出大爆炸理论一样，沿时间箭轴往回看，生物进化的路上带着一道清晰的水印，指向那个久远的年代，这些生物的最古老的祖先正静静地躺在海洋深处某个暗黑的洋底。从现代版图上看，澳洲埃迪卡拉动物群、中国帽天山澄江生物化石群、贵州凯里生物群以及加拿大布尔吉斯生物群远隔重洋，时空上很难联系起来，但是在寒武纪时期我们相信几块大陆可能是连结在一起的泛古陆各自的一部分，并共同构成了古太平洋泛大裂谷区，因此三国四地才能够在寒武纪前后相继发生具有继承性的生命大爆发事件。我们完全有理由相信，地球生物是从海洋的地热口开始诞生的。而40亿年前的地球海洋某个地方的化学环境发挥了类似于叶绿素一样的作用，把某些简单的碳氢化合物例如二氧化碳、甲烷和水等在化学能或地热能帮助下通过一系列我们还没有弄明白的异常复杂的化学反应创造出生命体。从某种意义上来说，如果我们掌握了叶绿素所有的工作细节，那么，我们就可以在所有存在液态水的星球创造生命并实现星际移民了。

曾经有过这么一个报道，而且成为地球生命研究领域一个重要案例。尤里、米勒师生在烧杯里加入甲烷、氨气、水、氢等混合物通过放电得出了有机物和类似于氨基酸的化学物质，以此来模拟生命起源，这种研究最终没有任何进展。我想，那样的实验必然注定是失败的，因为他们研究的方法本身就犯了方向性错误，这些物质在行星系统中丰度那么大，如果只要简简单单的电击就可以创造生命体，那么仅仅银河系最起码超过几百亿个恒星系里存在生命，而且即使是今天任何时刻在地球随时随地都可以发生着生命起源的事件而不会在整个地球历史上可能只允许发生过一次。

英国天文学家乔斯林·贝尔在 1967 年首次发现来自太阳系之外的神秘脉冲信号，她对这一发现非常惊讶，认为这可能是外星人所发的信号。1977 年 8 月 16 日，美国天文学家杰里·埃赫曼通过俄亥俄州立大学 BigEar 射电望远镜发现来自人马座方向长达 72 秒的无线电信号，因为它被认为是最有可能来自外星人的信号。这促使埃赫曼在计算机打印出的数据旁潦草地写下了"Wow!"（"哇!"）。1998 年，澳大利亚 Parkes 天文台的科学家发现一些怪异的无线电信号，在此后的 17 年间，科学家试图用各种研究和理论解释这些信号，而地球上其他任何设备都从未接收到类似信号。这个时隐时现的怪异信号被称为"佩利顿"。诸如此类的报告接连不断，毫无疑问这些所谓重大发现都只不过是茶余饭后的笑谈。如果一个外星文明向宇宙空间发送无线信号的话，绝不会是一个简单的字符，打个比方，2008 年北京奥运会如果向宇宙发送，那么 200 年后，位于地球以外 200 光年的系外文明可以完完整整地收看整个奥运会实况。

银河系跨度大约十万光年，如果在银河系内存在其他"人类"，理论上我们已经和他们获得了联系。从地球文明的发展史我们认识到，人类在漫长的 200 万年岁月里几乎都处于蒙昧状态，真正的现代文明仅仅发生于几百年前。如果银河系内存在另外一个文明，要么我们已经和他们联系上了，要么在往后数万年岁月里我们依然不能联系上他们，因为两个完全独立进化的星球，经历几十亿年的进化后，其文明程度只相差几百年的可能性为零。如果早已经存在银河文明，那么这个系外文明在几万年前向宇宙发送的信号，到如今必定已经覆盖了整个银河系，至今我们仍然没有收到任何来自文明的信息，只能说明，银河系内还没有类人文明存在。如果银河系里存在其他生命，他们在将来数万年后达到我们现在相似的水平，则我们至少十万年后才能知道他们的存在。换言之，在有限的数万年内人类注定是孤独的。

在外星人是否曾经到达过地球这个命题上，不管宇宙中是否存在数量庞大的高等生命，我还是要坚持一个观点——过去不可能有外星人来到地球，以后一段非常长的时间里，也不可能有，人类在可预见的时间里，也不可能到达另一个存在文明的星球。假如地外生命的确存在，要么还没有进化出人类，而且在数十万年或数百万年内仍然没有达到人类的文明程度，要么比地球文明先进数十万年乃至数百万年，他们可能已经不再使用无线电通讯，可能已经进化出我们无法想象的科技，但是即使如此，我相信，无线电作为文明路上一个必定经历的技术，一定会在文明星球上留下印记，他们一定能够读懂人类的心声。也有学者认为地球生命是外星文明创造的，这毫无疑问是伪科学，一个简单的理由是，如果地球生命是外星文明创造的，那么外星文明是谁创造的，这个问题一直追问下去，最终只能得出第一个文明由上帝创造。

曾经有学者通过某个公式推导出银河系应该存在数百万个文明星球，一个被称为费米悖论的观念表明人类对地外文明存在性的过高估计和缺少相关证据之间存在巨大冲突，这个悖论足以证明这种研究方法是不正确的，即使类地系统以及生命形式是普适的，文明星球的出现也不可能是概率事件，而更可能是稀缺的非常幸运的偶然事件，我们不需要很多参数衡量哪些星球可能存在生命，我们只需要一个明确的指标——这个星球的生物是否懂得利用电磁力传播信息，如果他们不能利用电磁力，那么即使这个星球存在生命，我们也很难发现。

我们地球生命的基本共性，无论是高等的、低等的，无论是动物还是植物，它们无一例外地都是以碳作为生命基础的，并且它们所需要的赖以维持生命的物质也基本是碳基物质。宇宙中普遍存在的五种基本元素氢、氧、碳、硫、氮交叉组合成水分子（H_2O）、氨合物 NH_4、碳氢化合物（如甲烷 CH_4、甲醇、乙烷、多环芳香烃），二氧化碳（CO_2）、硫化氢（H_2S）、二氧化硫（SO_2）、双氧水（H_2O_2）等，以及全部的碳水化合物（CHO）。

在探讨生命起源这个问题时，一般人甚至大部分科学家都会误把有生命存在等同于有生命起源，比如在地球冰洞等极限环境里发现生物就认为在木卫二等冰冻的卫星和土卫六类似的卫星会有生命起源之类。我们必须清醒地认识到，在地球非常恶劣的环境中发现生命体和生命起源完全是两回事，甚至可能没有一点关系。这正如在世界上最发达的大都市里，到处都活跃着各种各样的生命，但是你不能说生命起源在这些大都市，然后如果人类把一些病毒或微生物运送到月球或火星上，而这些病毒或微生物恰恰可以在这些星球上生存了下来，我们同样不可以说月球或火星可以诞生生命一样。因为，当生命存在了以后，生命对环境的适应能力是非常惊人的，但是生命生存的能力不能等同于生命产生，在我们的地球，过去乃至未来，环境在任何时候都可能发生天翻地覆的变化，而生命也一定能够改变自己去应对各种变化，继续生存下去，这样的故事会一直演绎，但是我们只能认为，在过去的几十亿年时间里，地球只发生过一次生命起源，这是生存与起源的根本区别。如果我们渴望了解木星的卫星是否存在生命，我们可能并不需要登陆这些天体，也不一定要钻透它们的外壳进入海洋，只需要航天器飞越它们的近距离轨道时捕获它喷出的羽状物，基本可鉴定出是否存在生命。

那么在宇宙中，何种生命结构是可能的呢。我想，碳基生命在宇宙中具有普适性。

第一方面：丰度

我们观察宇宙，通过光谱分析，还没有发现元素周期表以外的化学元素，那么我们在考虑生命起源的化学反应时，只考虑在我们认识的物质基础上是合理的。

　　"氧"在化学周期表中具有独一无二的特点，它几乎可以与除惰性元素以外的所有化学元素在不需要特别条件的自然状态下发生化学反应，是最活跃的元素。因此研究生命起源以及碳基或任何基础生命时都不能忽略氧以及氧化物的作用。而且我们初步知道，自由氧或氧化物在宇宙中是具有相对大的丰度的。据我们观察所得，氢、氦、氧、硅、铁、碳、氮、硫、依次是丰度最大的元素，水冰、一氧化碳冰、芳香烃、二氧化碳冰、氨冰、硫化物冰、甲烷冰等是所有星云和天体上丰度最大的化合物，丰度大意味着它们产生化学反应的几率相对较高。我们知道碳、硅、氧三种元素的风度都是最大的，由于氧非常活跃使得它很容易与硅、碳结合成二氧化碳和氧化硅，进而再演变为化合物。但是所有类地星球早期的火山活动都伴随脱气现象，硅酸盐不具备脱气条件，碳酸盐和硫酸盐则可以重新分解出二氧化碳和二氧化硫从而矿物变成氧化物，这是类地星球最初的原始大气层都是还原性大气的主要原因，也是硅酸盐成为所有行星大部分核幔圈或外壳主要成分的原因。

　　另一方面：化学性质

　　生命必须具有最少三方面的特征：

　　1、可以传送营养物质和液体（比如水或血液）提供生存所需的能量。

　　2、可以生长和繁殖使生命能够得以循环不息。

3、为了实现上述两个条件，生命体内必须能够产生自我系统的生化反应，即物质能够在体内进行化学反应，以完成新陈代谢。这要求建立生命基础的元素自身具有活性并能够储存液体水才能使体内存在可供化学反应并在体内循环的基本条件。这是地球生物体内主要由水构成的基本原因。

宇宙中是否会选择硅基氮基或磷基、硫基生命呢。比较碳、硅、氮、磷、硫的化学性质，可以知道，硅比碳具有更强的金属性，碳具有活性硅不具备，而且碳的晶体结构之间（除钻石）具有更大的可塑性，可以组成非常长的分子链，这是基因多样性的基础，硅的分子结构更紧密，所以碳比硅更容易容纳其它共价键。二氧化碳在常温常压下呈现气体状态并且能够溶于水呈现弱酸性，碳与宇宙中丰度最大的氢结合可以生成碳氢化合物，加上氧可以生成碳水化合物。研究表明，宇宙全域的星云和天体内部由碳、氢、氧结合组成的分子占了所有分子的 90%以上，氮化物、硫化物只占了 10%。二氧化硅却是固体，不具备这种可能性，因此硅不能达到上述生命存在必须具备的基本条件，这就是为什么地球上硅的含量虽然很丰富却没有选择硅基作为生命基础的根本原因。最能够说明硅基生物不能够成为生命基础的例子就是著名的硅化木，这些化石原本是碳基生物——木的遗体，在漫长的地质作用下被二氧化硅置换了里面的碳元素，使得原来具有生命力的植物最终成为了石头。无庸置疑的是地球上存在某些硅基生命表明大自然可能以某种我们无法想象的方式帮助硅成为生命的基础，但是硅基生命没有碳基生命那样大的优势是明显的。我们知道，氮的氢化物氨不是一种稳定的结构，并且当氮的氧化物溶于水的时候是一种具有强烈腐蚀性的酸，不利于完成上述三种生命运动。磷的氧化物一般是结晶体，而且磷在常温状态下也会发生自燃。硫的性质与氮有些相似。

从上述简单的分析我们不难发现，生命选择以碳水化合物（碳、氢、氧）作为生命基础是自然选择的必然结果，这表明碳基生命在宇宙中具有普适性不是偶然的。虽然不一定是唯一的，但是可以肯定，在宇宙中找到碳基以外的生命形式的可能性大为降低。

在太阳系里，存在的天体包括了恒星、行星、卫星、小行星以及彗星，这些天体的环境几乎包括了地球所有环境，而且环境的多样性远远超出地球，包含弱重力，强重力，没有磁场，具有弱磁场，强磁场，也包含高温环境，低温环境，强雷电，紫外线，其中有些天体没有大气层，有些具有类似地球的大气层，或者强的大气层，有低压环境，高压环境，可以这样说地球有的特点，在太阳系各类天体中都被包含了，可是为什么所有的天体至今都没有发现生命的存在，只有地球是唯一存在生物圈的呢？另外一个重要的问题，至今人类还没有在地球以外的地方发现哪个天体具备构成生命的全部条件，同时，人类至今发现的所有天体，几乎都拥有碳氢化合物和氧化物。包括甲烷、乙烷、氨氮，硫化物，水冰，一氧化碳（二氧化碳），但是还没有（或非常稀缺）在地球以外的天体上发现碳水化合物。

我们知道，碳水化合物是构成地球生命的基本条件，从这个意义上说，我们探索生命的起源以及探索地外生命，关键一步就是探索能够产生碳水化合物的天然环境。那么，哪一样是地球唯一与太阳系其它天体不同的独特环境，而这个独特的环境是有利于生命的形成的，而且就算是地球，这样独特的条件在几十亿年里只唯一出现过一次？或者说，是怎样的地球环境，造就了无机物或碳氢化合物演变成碳水化合物的？

绝大多数有机物都是由碳(C)、氢(H)、氧(O)、氮(N)等元素和微量的金属元素组成的化合物。大部分氨基酸都能溶于水。不同氨基酸在水中的溶解度有差别，有些溶解度较大，一些溶解度很小，但是各种氨基酸都能溶于强碱和强酸中。有机物种类比无机物多得多，因为碳原子的结合能力非常强，可以互相结合成碳链或碳环。碳原子数量可以是1、2个，也可以是几千几万个，甚至可以有几十万个碳原子构成的高分子。此外，有机化合物中同分异构现象非常普遍，使得有机化合物数目繁多。但是，地球以外的天体只发现简单的碳氢化合物，这些种类繁多的高分子碳氢化合物很少发现于地球之外，为什么？

大多数有机化合物的水解，仅利用水是很难进行彻底的。根据被水解物的性质水解剂可以用氢氧化钠水溶液、稀酸或浓酸，有时还可用氢氧化钾、氢氧化钙、亚硫酸氢钠等的水溶液。这就是所谓的加碱水解和加酸水解。另外合适的温度和压力是影响有机物合成和分解的必不可少的重要因素，氨合成反应的压力在 15.0—32.0MPaG 之间，温度范围一般在 380—525℃之间。现代科学技术让我们已经非常理解无机物、有机物之间的化学反应，也进一步了解了有机物和碳水化合物、酶、催化剂、蛋白质、脂肪之间的关系与变化，因此我们可以得出结论，影响无机物、有机物与碳水化合物、蛋白质、脂肪之间变化的要素在于如下几个方面：一是水溶性环境，即拥有液态水。二是在酸性或碱性环境，即酸性或碱性溶液。三是合适温度与压力，四是动态反应，尽量使分子、离子最大限度接触。而最关键的是在这样的环境中有足够浓度的碳、氢、氧、氮、磷以及金属离子，而这些元素的化合物恰恰是氨、氮、二氧化碳（一氧化碳）、硫化氢、甲烷、乙烷等还原性气体以及地热喷泉的化合物或海底火山灰里的微量元素，也许还有一些我们目前不知道的特殊物质只在这段特殊的时间里存在过。从上述分析中我们合理推断，这些还原性气体与碳氢化合物是太阳系所有天体形成时与生俱来的丰度最大的挥发性物质，而其它天体没有发现生物唯独地球存在生物圈，是因为唯有地球拥有独特的水溶性环境，而这些浓度很高的化合物恰恰可以在地球早期的海洋酸性、碱性水环境中水合或水解，加上陨石撞击的能量，海水的巨大压力，地质运动提供的高温环境，提供了一个独一无二的化学反应釜，使得碳氢化合物可以与酸性水或碱性水一起生成碳水化合物，在某些类似于叶绿体一样的催化剂、酶的作用下，一些简单的碳水化合物再进一步演化出大分子链生成蛋白质、脂肪，并最终衍生出生命。随着大气圈里自由氧的增加，还原性气体环境一去不复还，正是这样的改变，使地球可以发生一次也只有一次的生命起源。生命起源完全是地球独特海洋还原性环境化学反应的自然结果。一个小小结构通过一系列化学反应把二氧化碳、水和太阳光变成生命物质，这正是在地球所有植物身上叶绿素每一天都在进行的工作，而这种环境最初起源于 46 亿年前海床的某处，这是地球生命的源头。

　　但是生命进化经历了 30 多亿年，占据了整个历史 90% 的时间，到了寒武纪才实现了质的飞跃，为什么需要那么久，有没有可能加快速度。前寒武纪生物与后生生物有哪些改变，为了这些改变地球经历了哪些转变。

　　尽管我们通过前文的分析认为水是构成几乎所有二代天体（包括第二代恒星以及行星、卫星、彗星等）的基本组分，但是能够维持海洋的存在条件仍然是苛刻的。假如地球处于金星的轨道位置，我们相信最终结果不会比现在的金星更好，质量更大可能意味着地球比金星更能够保留厚重的还原性大气层，从而在漫长岁月后丢失了大部分海水。基于地球现代板块运动直到寒武纪才正式展开，而金星在该年代也处于现代构造运动的最后高光时刻，预示如果地球象金星一样在进入 8-5 亿年前失去了海洋，将无法爆发寒武纪生命大爆发，生物的进化仍然保持在低等水平，没有人类的出现意味着缺失问询宇宙和生命究竟的智慧。如果地球处于火星的位置，我们将获得极少量的阳光，冰河世纪的时间将极大延长，早期生物光合作用能力相应下降，可能造成高等生命形式更晚出现。如果我们的地球是一个超级地球，按照某些学者认为将更有利于现代板块运动的形成，但是我们不能忽略更多的制约因素，例如质量更大的超级地球意味着万有引力更大，山脉陆地的高度将受到限制，相反可能拥有更深的海洋，造成大部分陆地不能出露洋面，不但阻碍了陆地的风化作用，降低了物质循环的速度，陆地面积将大幅减少，同时现代板块运动的激烈程度可能受到影响从而减缓了冰河世纪的结束速度，另外，一个超级地球巨大的引力可能导致大气圈内长期保持更高的气温，一旦温度达到类似金星的高温，将严重影响地壳的冷却固化，不利于形成板块构造，诸如此类，制约生命形式的因子具有更多不确定性，其结果难以预测。

从地球生命演化的历程来看，生命进化路上需要经历多次的渐变和突变是普遍规律，难以完全回避。从地球诞生开始，构成星球的基本组分中似乎已经包含了生命物质，因此在后期重轰炸事件过程中已经进行着生命起源的化学反应，但是直到前寒武纪生物的生存环境是单一的海洋，全部生物都以化学能作为主要的能量来源。从太阳系形成模式中我们认为还原性大气是基本形态，由于氧元素的活跃程度很高，星球在天文合成过程中能够形成氧化性大气的可能性是极低的。这是一把双刃剑，如果没有这种还原性大气环境可能无法开始合成生命，但是一个还原性大气环境同时也可能制约了高级生命形式的出现，这样的结果显示经由生命自身对大气的改造可能是必不可少的过程，那么低等生命需要经历的时间将较难缩短。根据科学家测量结果显示，我们的宇宙经历了138亿年演化，银河系目前正处于旋涡星系阶段，太阳系则处于主序星阶段，地球在六亿年前形成了现代板块运动，现阶段生物圈才进化出智慧生命，种种迹象显示整个宇宙系统可能存在协同演化的机制，暗示高级文明的出现可能需要长达百亿年漫长时间的进化。如果这是充分必需的条件，那么假如真的存在平行宇宙，这些宇宙的质量有大小的区别，那么必定有某些质量小的宇宙不可能获得足够长的时间演化出高等生命就进入了循环模式，只有类似我们的宇宙这样超过百亿年寿命的时空里才得以出现人类这样的智慧生命可能是唯一结论。

根据我们对太阳系类地行星的地质统计，直到30亿年前，类地星球地貌特征至少具有几个方面的相似性——所有类地星球的北半球均拥有持续活跃的地质运动而显得"年轻"，而南半球则保持相对"古老"沉寂的地貌特征，我们称为"半球分异"现象；所有类地星球均发生了激烈的玄武岩喷发事件，形成了以玄武岩为盖层的第一代地壳；构造运动方式以热隆-伸展的垂直运动为主，三大行星均发育重要的高地、山脉、平原、裂谷，初步形成了陆地-洋盆格局。除地球我们还不十分确定外，其它星球这样的构造一直保持到现在没有发生过移动，可以判断其位置是固定不变的，我们认为，至少到这一时期为止，类地星球的构造格局都可以用固定论解释。在 30 亿年后，除金星、地球仍然拥有了自主构造运动外，大部分类地星球都陆续进入静止盖层阶段。这种特性不清楚是我们的太阳系独有的还是在所有行星系中具有普适性，但是毫无疑问地幔发育并非从星球形成的初期即已具备，而是需要经历漫长岁月的热熔流变逐步扩大发展而成。根据金星和地球的实际情况来看，至少直到 8 亿年前后才进入现代板块运动模式，因此，生命进化的历程可能是需要时间实现的。

　　到了震旦纪末早寒武纪交接时期，经历多期次造陆运动后，一个连接广阔的泛古陆得以形成。我们试想象一下，太平洋大西洋都闭合，就会出现一个连接了整个现代大陆的版图。沿着太平洋洋中脊上方南北走向，中央是美洲大陆，左边是亚洲大陆，南方是澳洲大陆、南极洲，右边是欧非大陆，太平洋仅仅是一条狭窄的裂谷。这样澳洲大陆 5.7 亿年前埃迪卡拉动物群、5.3 亿年前中国澄江生物群、5.2 亿年前中国凯里生物群，5.1 亿年前加拿大布尔吉斯生物群就会全部集结在太平洋裂谷带，并且形成一个由南到北随时空发展由初级到高级的承继关联，我怀疑在这个古裂谷带存在一条洋流，为实现生物迁移提供路线图以及所需营养。后期不断发现新的寒武纪生物埋藏点均集中在太平洋大裂谷沿线，似乎显示这个巨大的裂谷区就像一个大湖孕育着这群具有高度同性的生物链，它们之间肯定存在相互的交流，从而形成一个独特的生境，从此开始整个生物圈的进化一直沿袭这个模式。

研究结果表明，一个原始大气圈依靠星球自身的作用是难以实现改造的，必须经由生物的行为才能使一个还原性大气适合高等生物的进化，这个过程是漫长的。从太阳系类地星球的地质运动发展历史同样表明，地幔的发育成熟需要一个很长时间才能实现热熔流变，因此无论是生物系统自身的进化还是星球系统的演化必须经历相似的时间，并且相互之间存在协同演化的关系，是整个星球系统性演变的结果。没有激烈的暴露型火山活动就不可能为高级生命的出现提供足够的金属离子，一个高酸性的海洋环境可能也不利于拥有骨骼的高等生命形式出现，地球生命直到寒武纪以后的现代板块运动形成，地形地貌多样性出现后形成生存环境的复杂多样性，才最终形成了以太阳能作为能量来源的食物链并且不断进化，没有足够的大陆就不会进化出高等生物，也不可能使用火改造星球发展出智慧和文明，这个过程我在前面的文章中已经充分描述。随着陆地面积的扩大，影响生物进化方向的因子越来越多，每一个因子的出现都使物种演化的结果具有更多不确定性，正如蝴蝶效应所揭示的那样，哪怕一个不起眼的因子都足以改变演化的方向和进程。一个明显的地球生物进化的事实是，大部分生物史上的事件都不会重复出现——例如生命的起源只发生过一次，寒武纪大爆发只发生过一次，裸子植物被子植物哺乳类动物等生物形式的出现同样仅发生过一次，类人猿进化为人类更是绝无仅有发生过一次，这些事实暗示我们，除了生物本身以及食物链的生存竞争这些因素以外，生物的演化非常依赖于整个地球系统的协同存在，当某个系统发生改变后，即使后期再出现某个类似的情景，哪怕只是缺失了某一环节，整个系统所有子系统的演变结果将不再相同。这正如打台球一样，尽管每一场游戏球的数量和原始状态都是一样的，但由第一个球撞击的结果开始，每一次的过程和结局都不可能完全一样，并且你不可能完全准确复制其中的任意一场。

历史经验给我们最大的教训正是这样，物种一旦消失将难以复原。

七、为什么地球文明最终选择了灵长类

在人类是怎样进化而来的这个问题上，我也和其它人一样，苦苦思考了很久，一直以来我们都把重点放在人类如何从非洲大草原开始进化，这样一来很难有一个具有说服力的证据。引起争论的焦点很多，我试图从一个更早的问题开始探讨，文明并非选择了人类，而是我们的祖先，从这个更早的角度思考，有一种廓然开朗的感觉。地球文明为什么最终选择了灵长类，我把它归结到两个主要原因。

第一方面是内因。

每一种生物都有一些与其他生物明显区别开来的特征，我把这种物种的标志性特征称为该物种的靶向特征。当我们提起蟒蛇时我们马上想到这个物种令人窒息的缠绕能力，提起巨蜥时想到它满嘴流哈喇的毒牙，提起鳄鱼时总是马上想到它把猎物拖到水里淹死的恐惧，提起恐龙时想到身高十几米体长几十米的巨无霸，提起霸王龙就想到它孔武有力的令人胆寒的利爪利牙，这些我们都可以认为是该物种的靶向特征。

靶向特征的形成往往是生存环境所逼迫的，所以原来相同的物种可能由于生存环境的改变将分别向不同方向发展出靶向特征，而不同物种却可能由于相同环境形成趋同的靶向特征，一个物种原来具有这个特征，后来由于环境改变了，它的靶向特征可能丢失，又从新发展出新的特征。

　　大部分有利的靶向特征往往会向进化方向发展，但是个别个体也可能会向退化方向发展。认识这一点在学术研究上以及生物进化史上具有非常重要的意义。例如，洞穴居住的生物，由于环境所使，往往会失去体色或视力，也可能视力下降，但是正因为这些体征的退化，可能引发出新的发展，例如蝙蝠。它的视力退化后发展出听声定位的新能力，只要我们提起蝙蝠马上就想到它的雷达。在草原上生活的猎豹，是自然界跑得最快的动物。为了实现这个靶向特征，它的整个身体系统都发生了改变。它的头骨前庭向后生长，使它奔跑时具有最大的破风能力，人类自行车运动员的头盔就是模仿这个结构发明的。猎豹的四肢关节是开放性的结构，可以使它奔跑时最大限度地迈开大步，并且转向更灵活，它的后腿肌肉非常发达，四爪抓地能力很强，类似于人类的钉鞋，它摆陀一样的尾巴可以让它急转弯时身体达到最大平衡，就像高速摩托车比赛转向时摩托车手会向车辆倾侧相反方向倾斜之间形成的动态关系，但是为了达到这个能力，猎豹同时又要牺牲它的身体力量与牙齿的咬合力，所以这些方面它又输给了它的亲戚朋友——狮子、豹子。

　　人类具有两种与众不同的靶向特征，但是我把这两种特征定义在两个不同的发展阶段。现代人（智人）的靶向特征是发达的脑部，具有智慧与创造力，而类人猿（猿猴、灵长类）的靶向特征是直立行走。这种定义非常重要，是地球文明最终选择了灵长类的唯一原因，也是类人猿最终区别于其它物种进化的根本原因。

对于人类祖先而言，直立行走是进化史上一次重大退化，使人类变成自然界最脆弱的生物之一，处于食物链的最底层。就算经历了几百万年的演化到了今天，如果人类不使用工具，依然是自然界最脆弱的生物，几乎所有的动物都可以打败赤手空拳的人类。不要说狮子猎豹，就算蜜蜂，哪怕有数十万人类，赤手空拳赤身裸体都不是一群蜜蜂的对手。可是，正是因为直立行走这个靶向特征的退化，迫使人类发展出新的靶向特征。在非洲大地上人类祖先想要生存必须想方设法，这正是类人猿之所以最终成为智人的根本原因。

树栖哺乳动物有几大类，灵长类、有袋类、啮齿类。其中，体型细小的有袋类和啮齿类以及灵长类里的猴子，树枝的承重面虽然很小，但是可以承托它们细小的身型，所以这些树栖动物在树上移动时往往依然保持四肢爬行，尤其是啮齿类。松鼠的食物主要是果实，这种食物并不是长年累月都有的，所以松鼠的大部分活动时间还是在树下地上，而且，它们必须在地里挖洞储存越冬的食物，所以松鼠虽然也是坐着吃东西，仍然是四足行走动物。而体型较大的猿类，细小的树枝不能维持它们爬行的身体平衡，所以它们在树上移动时一般都采取跳跃或用双手摆荡的方式，这种体型上的差异迫使猿类比其他所有的树栖动物具有更大的直立行走的进化机会，并且他们的四肢不得不进行分工，这种转变为实现手的进化提供了机遇。

第二方面是外因。

一是生活环境胁迫猿类四肢明显分工，并使四肢爬行变成直立形态。树栖的灵长类和其它地上生活四足行走的哺乳类动物不同的地方，是它们不是用嘴直接取食，而是用手采摘食物再把它送进嘴里。树栖环境的食物往往大部分嫩叶、花果都生长在幼枝末端，猿类的体型令它们的嘴巴够不到这些食物，因此它们不得不使用它们的手采摘，这迫使它们的四肢得到了分工。雨林的雨水寒冷环境使它们不能够趴着生活，只有坐着，团成一坨，才能够最大限度地保持体温。这是它们身体结构向直立行走所做的重要准备。

二是树栖使猿类得到一个相对安全的环境，使它们的性情变得越来越温顺，攻击力下降，这种退化为日后他们必须通过发展智慧创造了前提条件。

三是相对比较容易得到的食物，使它们具有与众不同的社会生活，它们的许多时间是悠闲玩耍，相互间交流，这为日后的合作与社会分工奠定基础。

四是树栖猿类与它们的亲戚朋友不同，其它地栖的灵长类往往几十只甚至成百上千只聚居在一起，为了获得交配权往往需要激烈的打斗，使它们的牙齿利爪保持锋利有力，这种能力使这些灵长类依然可以与其它猛兽一决高下，这种靶向特征使它们会向体型越来越大，牙齿利爪越来越锋利方向发展。例如山魈等。树栖的猿类通常是夫妻制，结成小家庭，这使得这一类灵长类失去了保护自己的身体的重要武器。

学术界往往认为，吃肉获得蛋白质是灵长类发展出智慧的一个最重要的原因，我反而持相反的观点。树栖的猿类因为主要食物来源是树叶，嫩芽，花与果实，还有偶然获得的昆虫，这些食物不需要强大的面部肌肉，使得这一类猿类的颊部慢慢退化，脑部前庭得以往前生长，这是新靶向特征得以出现，在身体结构方面提供的先天条件。如果类人猿是以动物肉作为主要食物来源，那么必然会与狮子犬科动物一样，具有强大的咬合力才可以，那么类人猿就必须具有发达的颊部肌肉，锋利的牙齿，强大的手部力量，就有可能不会向智人方向发展。如果我们一定要把人类也归入到食肉类动物行列的话，人类可能是咬合力最差的一类。尤其是现代人类许多工作都交给了机器人，同时人类的食物越来越精致，所以人类未来的发展主要是突出他的靶向特征——智慧，他的头脑会越来越发达，相反，他的身体特征反而越来越向吸引异性方面发展，身材修长，苗条优美，胸部、乳房丰满，手指灵活纤细，指节变小。从古到今，存在过无数的肉食类动物，最具代表性的莫过于霸王龙、鳄鱼以及剑齿虎等猫科犬科动物，从来没有出现过因为食肉而发展出智慧的，相反植食性动物拥有智慧和惊人记忆力的例子不少。不过，这并非说明植食性动物会产生出智慧。我个人基本认为，动物的智慧与食物没有必然联系。迁徙性动物包括低等的软体动物，鱼类，海龟，到昆虫类如蜻蜓、蝴蝶，到高等的鸟类，哺乳类，尤其是以追踪食物闻名的狼和狗，它们的嗅觉以及记忆力都比人类远远高出许多。这说明，智慧只与动物的生存环境与生活需求密切相关。

除了上述几个方面的原因之外，还有两个最重要的原因。一是树栖灵长类生活环境在某一个恰当的时机发生了巨大改变，由原来的茂密树林演变成稀树草原，最后变成大草原。这种环境的变化引出了人类祖先必须面对的两大难题。

一方面它们必须离开可以轻易获得食物和安全保护的树林，到地上求生活。

500万年前，随着东非大裂谷的形成，树栖的猿类被非洲一系列的山脉分割成几大块，其中东非大裂谷以东的猿类不得不离开树林，到地上生活，这是我们人类的祖先。其它地区的猿类仍然可以在树林里活下去，直到今天依然没有明显的进化。这种变化直接引出了第二方面的难题。

下到地上生活在食物链上处于非常不利的位置，我们的祖先一下子变成了别人容易捕猎的猎物。由于猿类祖先经历了超过一千万年的树栖生活，它们的四肢已经与地上生活的其它哺乳类发生了巨大改变。手掌沿着手臂向前延伸，手腕与手臂手掌在一个水平面上，拇指比另外四只手指明显要短，这是因为猿类习惯用半握的方式悬挂在树干上摆荡移动。这种结构不利于抓地奔跑，这是猿类到地上生活后没有采取四足行走的一个重要原因。另外，树栖的猿类它的脚同样呈现半握形，到地上生活后演变成扁平足，这种形状有利于在树干上站稳，但是不利于地上奔跑，离开树栖环境到地上生活的猿类变得行动迟缓，性情温和，自我保护能力差，在弱肉强食的自然环境里完完全全是弱者。这就是为什么我认为直立行走是人类进化史上一次最重要的退化的理由。

世界上有几大大草原，其中最著名的有位于欧亚大陆的欧亚草原，是世界上面积最大的草原，在整个欧亚大陆草原上广泛分布着偶蹄动物。植物物种的总丰富度极高。这些种类丰富的植物使得欧亚大草原成为弱小植食性动物的天堂。这个地区食肉类动物只有狼、红狐、沙狐、几种鼬。草原上猛禽相对丰富，常见的有鸢、草原雕、金雕、雀鹰、苍鹰、大𫛭、毛腿𫛭、几种隼以及大型猛禽秃鹫。

位于美洲的北美大草原主要的植物为针茅属、冰草属、须芒草属、格兰马草属和野牛草属的植物，在草原的边缘地带有部分稍大型植物，如丝兰、仙人果等。其它树种以高大的裸子植物为主。北美洲草原最大的食草哺乳类动物包括野牛和叉角羚羊，其典型捕食者为灰狼，熊。其它哺乳类动物还有野马、鹿、野兔的几个种属和獾以及许多小型穴居啮齿动物。

南美大草原以及中国蒙古境内的大草原都是以食草动物群落为主，只有少数品种的肉食性小动物，如狼，鹰、鹫等。

综上所述，世界上几大大草原，只有人类祖先居住的非洲大草原生活着非常众多的猛兽，猫科动物狮子、猎豹、豹子，犬科动物狼、鬣狗、狗，另外还有霸占着淡水资源的鳄鱼，凶恶的山魈、狒狒。其中猎豹很喜欢把猎物杀生后再拖到树上享受。地上、树上、水里的猛兽，天上的猛禽，这些全方位的猛兽每一样都可以轻而易举地杀死人类。可以这样说，人类祖先离开树林后，每一刻每一处都面临死亡考验，活着真不容易。身体结构处于劣势的类人猿要想在强敌环伺的非洲大草原活下去，只有想办法把自己武装起来。这是其它地方没有进化出智人，而非洲成为了人类的发源地的根本原因。

500万年前，非洲大草原被分割成东西两大块，由于受北非东非山脉阻隔大西洋海洋性气候的影响和太平洋西风带的影响，东部深林变成了稀树草原。类人猿祖先居住在裸露的大草原是非常危险的，白天他们可以观测到危险。晚上，大草原上的食肉类动物拥有夜视能力，对他们构成了巨大的威胁，为了躲避危险，祖先们不得不爬到山上，或躲在山洞里。然后白天又爬到山下寻找食物和水。在稀树草原上，只有草，在低矮的树上采集小浆果，到大裂谷里摸鱼、螺丝等贝类或甲壳类，所有这些活动都进一步提升了类人猿直立行走的能力，并最终固化为他们的主要行走方式，形成基因得到遗传。从这个意义上说，地球文明最终选择了灵长类并非因为这个物种特别聪明，对比所有生物而言，智力水平与灵长类很接近的包括非常低等的章鱼以及高级的犬科动物，海豚，相反灵长类不能模仿人类的发音，鸟类中能够象人类一样说话的种类有好几种，因此，我们认为人类最终成为唯一的智慧生物的根本原因仅仅是由于直立行走的肢体退化反而胁迫了生存技能的转变。杂食性生活方式的改变同时在默默地改变着类人猿祖先的身体结构，由于不用再象它们树栖的祖先一样需要用力咀嚼植物的枝叶，它们的脸部肌肉发生了很大改变，肌肉的改变也使头部的骨骼结构发生改变，颊骨变小了，头弓的骨突缩小了，为声带的发育和脑部的发育提供了增容的空间。

人类的发展与其它哺乳类动物相似，当雄性个体成年后往往要离开母群，到别处开拓属于自己的新领地，所以从160 万年前开始，直立人走出非洲，向中东、欧亚地区迁徙，一直到最后一次大冰期。现代人的祖先约六万年前离开非洲，人类几次发展源头都是从非洲开始，但是最早从非洲到达世界各地的祖先都没有成功，这是因为从第四纪冰河开始，整个地球北半球大部分地区被冰雪覆盖，只有非洲大草原历史上一直保持温暖，没有经历过冰河期的清洗，为人类留下了火种。非洲大地不但是人类的发源地，也是人类的守护神。离开非洲达到其它地区的历代祖先们，由于他们都是以少数种群迁徙的方式，而且这些祖先们智慧上能力上与其它物种相比还不具备明显优势，面对种种强大的竞争对手，很难在新大陆发展壮大，尤其是当冰河期到来时，恶劣的环境很容易迫使种群少数的人类遭受灭顶之灾。只有到了六万年前的最后一次迁徙，人类已经足够强大了，才能够在新大陆逐步繁荣昌盛。

正如第四章所论述的那样，在人类进化史上，即使某个因子没有同时出现，都可能影响人类出现的结果，因此地球文明最终选择了灵长类，可能不是必然的结果，时机成为最关键的要素，如果相关的地质运动时间提前，猿类树栖时间尚短，身体结构还没有做好直立行走的准备，那么，就算它们到了地上生活，也还是四肢行走的灵长类，不会演变成人类。

纵观人类整个进化史，波澜起伏，写满血泪。如果没有曾经树栖的经历，猿类就不具备直立行走的基础，如果没有东非大裂谷的地质运动，猿类到今天可能还是在树上优哉游哉地过日子，如果猿类没有从树上下到地上生活的经历，人类祖先就不会用双脚把文明扩散到世界各地，如果非洲大草原上没有那么多令人类恐惧的大型肉食类猛兽，人类的祖先就可能与在世界上其它地区生活的植食性动物一样，不会把智慧作为新的靶向特征，就不可能发展成为智人以及现代人。如果没有树栖的经历，类人猿的四肢功能可能不会产生明确的分工，如果没有解放的双手，即使人类祖先把智力作为靶向特征，也不能使用工具帮助自我变得强大。一个不懂得使用工具、利用火和星球自然资源的物种不可能创造出文明。从某种意义上来说，星球能否出现文明可能完全取决于是否进化出直立行走的动物，而这样的物种即使在生存着众多生物的星球并不能保证必定出现，正如在地球生命史上曾经出现的物种多达数百万种，进化为直立行走的物种却仅有一种，尽管偶然进化成直立人，多次的迁徙过程中人类都曾经面临灭绝的边缘，可以这样说，地球最后出现了人类是种种巧合的机遇在恰当的时期同时出现，同时某些幸运的因子眷顾把灵长类导向了文明的结果。我们认为正是基于不确定性原理，在普适的宇宙生命形式中才偶然出现了这种独特的智慧生命，我们在宇宙中可能是极其稀缺的。

　　人类在进化的过程中多次面临着灭绝，都是凭借着越来越出色的思考力、创造力和协助精神逃过了浩劫，这些不同凡响的经历值得我们永远珍惜。未来，人类还要面对无数挑战，也可能还要多次面对灭亡，这需要全人类的智慧共同应对。

八、移民火星可行性报告

大量研究成果表明，水星、金星、地球、火星、月球来自同一类行星物质，它们的基本化学元素及星体结构高度一致。随着人类对火星探索的进步，相信会发现火星、地球、月球之间更多的共同点。这些星球上拥有非常丰富的可供人类生活、建设和制造利用的矿物质资源，土地以及具备局部地区用于海水流通和储藏的河道湖泊，为早期人类登陆火星或月球提供基本保护，并为人类开发利用最终生活在火星月球争取了宝贵时间。

由于地球比火星月球体积大、质量大，内部压力及现代板块运动等原因，使各种化学物质得以不断循环利用。火星质量比月球大，并且在距离太阳更远的地方，得以保留更多的水，就开发用于种植及人类居住而言，火星无疑比月球可行性更大。似乎科学家和梦想家致力于火星移民计划是可行的，个别乐观的幻想家甚至断言，人类可在几百年内移民火星，漫步在人工开凿的运河旁，并在霓虹灯下一边叹着咖啡一边欣赏朗朗明月以及月亮边那个美丽的蓝色星球，甚至于有人已写好了情书，准备移民火星后电邮给地球上的情人，演绎新的浪漫天仙配和鹊桥会。

然而，人类真的可以在火星上象想象的那样如地球般生活吗？让我们一起负责任地讨论一下。

　　基于一个海洋环境和还原性大气层的存在可能使生命的形成，在宇宙中并非孤立事件，我相信未来的科学发现将证明这一观点的正确。可是，有生命起源并不一定能形成生物圈，要形成生物圈，要进化出高等生命，必须具备至少如下几个条件：

　　一、必须拥有足够大的质量，才能保障具有自发性地质运动，才能拥有足够长的时间让生命形式得以进化。因此它至少具备金星以上大小的直径和密度。一个小于金星的类地星球可能会很快进入静止盖层，从而失去地幔发育的可能性，这样将不利于星球形成全球性磁场，不利于板块运动的演化，没有现代板块运动可能难以进化出足够的陆地、山脉，缺乏地形地貌的多样性，生命形式可能始终处于初级阶段，一个不能进化出智慧生命的星球将很难被发现。

　　二、行星附近一个合适的距离上必须存在一个恒星，同时恒星给予行星的热能要在一个适当的范围，既要保证该星体表面存在液态水，又不能使水的蒸发量总体上大于循环量，否则，水的主要状态就变成蒸气云，使大气圈内温度与气压过高。一个表面温度过高的星球不利于外壳固结形成板块，也不利于海洋保持液体状态；一个温度过低的星球其表面可能长期处于冰封状态，海洋将难以获得充足的氧气环境和光合作用。

　　三、在第一个条件的前提下，该星体具有足够的引力和磁场，吸引气体物质形成足够的大气圈和水圈，保护生命免于长期暴露在宇宙射线伤害之下。没有大气圈，不可能形成生物圈。大气层的元素结构也必须非常巧妙，应与地球相似，以水、氧、氮、二氧化碳等为主。如果温室气体过多，如氨、硫化氢、甲烷、一氧化碳、二氧化碳等，该星体就算有生物，也只能形成低等生命，而且，大量的还原性气体会导致温室效应，阻碍对阳光的利用，生物的光合作用能力将受到限制。

研究表明，高温高压环境更利于生命起源，但是低温环境更有利于生物进化、生存和大量繁殖。

水是万物的根本，有水才有生命的起源，

有了氧在恒星和电磁力的帮助下自然能形成臭氧层，

有了氮、磷、硫在恒星热能的帮助下自然能够形成氨基酸等物质，

有了氢、氧和碳在恒星热能与星球内部的帮助下通过化学反应形成碳水化合物……

可以说，拥有了这样的大气层后，生物圈的形成只是时间问题。

拥有了熔岩、自转、海洋等先决条件，才有星球的地震和火山活动。一个内核冰冻的星球或被锁定的星球是不可能存在高级生命的，因为，这样的星球就算存在水，单靠潮汐力是不能形成水循环的。没有地震与火山运动不能形成陆地，生物就不能实现最终向文明进化。没有不断的造山运动，在漫长岁月里，风、流水最终把星球表面的风化层冲涮干净，

没有沃土就难以形成丰富的植被。没有陆生植物就没有陆生的动物。可以说，没有灾难就没有生物进化。

有人会反问，在我们地球海洋深处，在高山雪岭等极其恶劣的环境中也可以形成独特的生境，为什么非要上述诸多苛刻的条件呢？我们可以这样下结论——地球海洋深处的生命，若不迁徙到浅海区或大陆架，登上陆地生活，那么，它们就只能永远只是"活着"，没有陆地将不能利用火，没有火就不可能利用星球的物质创造文明。

现在，让我们回过头来，按上述的条件衡量一下火星，看看我们如果要移民火星，是否真的可能，以及我们需要做点什么？

就目前人类对火星的了解而言，仍旧是很肤浅的，但尽管如此，我们仍可以凭此初步的认识，得出足够的结论。

火星的直径约为 6800 千米，平均密度为 3.9，自转速度为 24 小时 37 分，拥有两颗卫星，这些条件与地球比较接近，地质结构及元素也具备植物生长及提供人类开发利用，预计地表水和地下水为淡水或微带酸性，总储存量估计可达到地球淡水资源的 1%~2%，就这样分析，人类似乎可以改造并最终实现火星移民。可是，我们不能一厢情愿只是幻想着有利的因素，而忽视了最重要、最基本的条件——火星的质量与引力。

我们知道，火星的直径只有地球的二分之一，引力只有地球的三分之一，质量只有地球的十分之一。

　　根据目前的研究成果，火星历史上可能曾长时间内存在液态水，如果这个考察结果是正确的，则必定较长时间内存在含水汽的大气层，可是，后来是什么原因令它最终失去了这些保障生命存在的基本条件呢？毫无疑问，根本原因正是火星的质量小、万有引力小，不足以吸引留住水圈和大气圈。当46亿年前形成火星时，火星上可能曾经拥有较多的水资源，后期重轰炸事件为火星进一步带来有利条件，原始海洋可能出现，并存在一个较薄的大气层。随后火星表面大量的水冰气化或光致分解后，被太阳风吹散逃逸掉，当时形成的地表河流，也经历了漫长岁月后一点点地缓慢蒸腾到太空中。今天的火星大气中只有极少量的二氧化碳、氧、氮，不能形成大气圈。即使人类有能力释放火星的地下水，有能力通过微生物基因工程或其他手段为火星表面人造大气圈，也不能够令火星的引力大到足以吸引液态水与大气层，最终仍会失去。尽管目前有许多科学家通过建立人造城模拟太空生活，但是企图百分百循环利用物资只不过是一厢情愿，物理定律制约了这种可能性的存在。例如你不可能在利用了石油燃烧后的能量和废气重新转化为能源，即使理论上水、空气可以循环净化使用，也不允许百分百，因为不论在任何系统内，当你使用资源后必须由系统外予以补充，并且在这个过程中产生无用能——熵。人类要在火星上生存，最终必须要种植、锻造、工业制造、修建道路、机场，必须就地取材，这些社会行为都需要消耗大量淡水资源，能源。在我们的地球海洋面积达到 71%，仍然感到淡水资源的缺乏，在一个没有足够大气、水源的星球如何生存、发展，其难度可想而知。

地球拥有强大的磁场，而火星内核很小，流体层已基本冷却，磁场很弱，这是它的另一个致命的缺陷。而人类的科学技术无论任何不可能帮助火星创造出全球性磁场。

这正是人类移民火星必需面对的几大难题。

这个难题是否不可以解决呢？依据人类目前的科技水平，要人造一个大气、压力、引力、局部气候环境、磁场等都适合人类居住的空间并非不可能，建造材料可以在火星上就地取材，所有的建设者身穿特制的火星宇航服，或利用人工智能机器经过一个漫长而艰巨的岁月，是完全可以实现的。可是，制造这样一个人工城市，只能提供人类很基本的活动，而且，每一个人造城市至少不少于几十立方千米，要维护这样一个小区永远保持合适的温度、气压、引力、大气和水循环等，需要的工程量以及维护成本绝不是该小区内的居民可以承受的，这需要地球源源不断的支援。可是，单是这一点，人类仍可以通过提高自身的科技水平加以解决，只是时间问题而已。然而，最大的问题是，这样的人工球仅是球内生物一个极小的区域性的保障，这样的生物只能称为"大棚生物"，不能认为它已经形成了"生态"，这种环境是绝不可能形成生物多样性的，没有生物多样性，生物便不能实现自然选择和自然进化，这样一来，火星移民将失去最终的意义。

　　我们可以断言，人类移民火星只能是一个美妙的梦想，火星不可能成为地球人的新家园，不可能成为大量地球生物共存的生物圈，它极其量只能成为人类一个超级消费的观光旅游度假的景点或开发利用其资源的有限规模的制造基地。

　　我相信生命的形成和结构以及生物进化的基本途径和原理在宇宙中是有共性的，凡是存在液态水的星球都有可能孕育出生命，但是能够继续进化的必需依赖星球自身系统的协同演化，正如我在第二部分第五章所论述的那样。

　　地球生物由小到大，从低等到高等，历经近 40 亿年种种磨难，才发展出人类。每一个生命基因的存在都是数万年乃至数亿年无数生物体不断挣扎求存的结果，几经沧海才能保留下如今如此丰富多彩的植被，维持着生物的多样性，历经亿万年才能形成油气及煤炭资源，难道人类就用短短的几百年的时光，将它糟蹋迨尽，然后再花九牛二虎之力，去改造另外一个星球，再在这个新的星球上生活几百年，留下遍地废墟，然后又把目光转向新的目标继续流浪吗？纵观全球格局，现在正有这样一批所谓的精英潜意识地运用这样的理念对待其他民族和他们的家园。为了满足自我的需要不惜掠夺他人的资源，破坏别国的生存环境，只留下一片废墟，这不但是人类的悲哀，也是整个宇宙的悲哀。

　　人类的欲望越大，生存的空间越小，文明的进步正在扼杀文明。种种迹象表明政治精英们和科学精英们正在带领人类走在一条错误的道路上，每一个科学家政治家都必需重新审视自我地位以及国家地位，从而建立一个属于全人类与生物长远共存的地球家园。

在太阳系中，存在液态水的星球绝不仅只有地球，欧罗巴星，我们相信天王星、海王星、冥王星以及其它的一系列卫星，柯依伯带和奥尔特星云大星体上，都存在液态水，太阳系中存在生命的星球也可能不仅是地球，可是，太阳系绝不可能再有第二个象地球这样美丽可爱的星球，地球人也不可能再有第二个故乡。

宇宙中必定存在大量如太阳系一样的系统，但是它们都处于与我们非常非常遥远的地方，即使发现更多的太阳系外行星系，这些系统也有生物圈，但是要进化出象人类一样的高度文明的社会却是非常稀少的，要在茫茫宇宙中寻找这样的生存之地并且实现星际移民，以我们目前的科学水平乃至千万年内，言之尚早。何况按照人类目前对地球资源掠夺的速度，估计在未来数千年内地球所有资源均已耗尽。一个孕育了数十亿年的星球如果仅能维持文明存在一万年，那么尽管宇宙拥有数百亿年的寿命，文明存在的窗口将短暂到不可能允许他拥有足够的时间与外星文明联络，也来不及实现航星际梦便消失了，如果是这样，文明的出现将失去意义。我们未来的道路应该怎样走才能维持地球生命至少存在数十万年？这是一个非常值得全人类思考的严峻的课题，要远比探索星际移民更加紧迫。

　　尽管人类的科技生产力已经获得重大发展，但是决定人类是否能够实现宇航梦的更需要依靠理论物理的重大突破，但是不论是经典物理还是相对论、量子理论都不足以胜任，人类是否能够在理论探索方面极大地超越这些科学体系仍然是一个未知数。但是可以肯定的一点是宇航的飞行器不可能是利用金属或热功动力的。可以预见在有限的时间内，金属、矿物、化石燃料将耗尽，人类要获得更长久的生存机会只有利用合成碳水化合物或碳氢化合物和太阳能，而这种太阳能并不是象当今那样使用半导体的，而是完全利用光合作用原理制造实现碳、氢、氧循环，因此彻底弄清楚植物光合作用的细节是科学技术发展的重中之重，只有这样才能帮助人类争取到数万年甚至更持久在地球繁衍的机会。

　　如果我们担心天体撞击或宇宙伽马暴会造成地球生命灭绝，基于宇宙学原理，就算我们移民到外太阳系，仍然不可避免同样的遭遇，不能确保人类得以存续。在茫茫的宇宙中，位于银河系边缘的地球能够成为目前唯一知道的生命乐土，已经充分说明这个家园的得天独厚难能可贵，人类要想走得更远更好，只有一个选择——爱护地球，保护生物多样性。让我们把更多的资源用在保护地球上吧！

后记 人类的文明程度必须与科学共同进步

我们的宇宙已经存在至少 138 亿年时间了。据科学家估计宇宙全域不小于数千亿个象银河系一样的巨大星系，每一个星系拥有数千亿象太阳一样的恒星以及同等数量的星云。我们的太阳大约还可以维持主序星 50 亿年，这样看来宇宙中庞大的星云至少仍然可以维持宇宙处于热辐射环境不少于数百亿年。在已经消逝的千百次循环的宇宙代中，湮灭了的旧宇宙是否曾经存在过比人类更发达的文明，或者在本次漫长的宇宙历史上，我们不清楚是否早已经有过地球一样的智慧星球，现在是否拥有很多这样的星球，或者以后是否会出现更多这样的星球，我们能够知道的仅仅是到目前为止我们是唯一的，特立独行的。我们拥有并将保持一份好奇心去探索我们的宇宙，了解我们在宇宙中的位置，试图与地外文明取得联系。不管我们是否唯一，对于我们而言地球肯定是唯一的，在千年甚至万年时间里这将是唯一的答案。尽管我们的宇宙可能是不断循环重现的世界，但是每一次的循环可能需要数百亿年甚至更久，不确定性原理提醒我们，循环的每一个宇宙历史未必一定确保进化出智慧生命，不能排除我们是千万次宇宙循环中唯一出现的精灵，想到这一点我们的心中充满敬畏和感恩之情。如果我们注定要在地球上继续生存，我们应该打造一个人与人、人与自然之间和谐共处的文明星球，方能不负造物主赋予我们与众不同的灵性。

中国千百年来，不论儒家道家墨家，向往的都是男耕女织简单而和谐的生活，日出而作，日落而息。既合符天道，也合符人道。地球本来就是一个绿色星球，先有树木花草，先有作物，先有其他生物，然后才有我们人类，人类只是所有生命的后辈，只是地球的一群过客。人类到来之前，众生已经在此生活，人类消失以后，地球依然会是其它生物的家园，作为一个客人，你没有权利毁掉所有的主人，毁掉大家赖以生存的家园，何况，从生物进化的角度考虑，人类还至少能够在地球上生存百万年，以我们今天毁坏地球的速度，我们将要继续毁掉多少次文明呢？人类现在应该学会怎样与其它生命和平共存，思考怎样帮助自身延续。

近年来，各种传媒大量传播所谓"盛世收藏"，表面上是保存了一些古玩，实际上这种行为已经变了味，人们为了获得一个瓷碗，不惜花费亿元巨资，美其名曰：此物不可再生，可是，为了得到这笔亿万巨资，人类需要消耗多少资源，使多少湿地、绿地永远消失，多少我们人类还没认识的生命被抹去，难道这些生命不同样是不可再生的吗，以牺牲万亩绿地换取一只玩具以至极度加剧沙漠化荒漠化石漠化，是一种极大的罪过，是人类的自私、贪婪的表现，同时也是对生命的漠视。难道亿万生命基因的消失对地球对人类的损失还及不上保留一幅画一个古玩吗？当然，这两方面的工作都重要，他们也不是非要相互对立起来，而是以怎样的态度和价值观来取得平衡。商业社会严重扭曲了我们的人性，我们有必要从新定义怎样的社会才是文明的社会，怎样的生活才是健康的，从新建立一个关于"生命"的价值观。

地球是太阳系里唯一绿色的星球，也可能是宇宙中不可多得的生命之星，从四十二亿年前生命萌芽开始，经历了漫长的三十八亿年，生命才得以脱胎换骨，又经历了六亿年，在地球黎明曙光乍现的一刹那间，人类才降生。可以说，人类是地球几十亿年来所有生命共同孕育的后代，并且由无数的生命为我们提供一个绿色的生存空间，所有的生灵都是我们的母亲。直到五千年前人类进入农耕时代，整个地球的资源利用仍然处于中和状态，我们可以从这段漫长历史中获得何种启发？自从人类掌握了冶炼技术，对自然的掠夺一直以指数上升，现代社会更是一个高消耗系统，种种迹象显示，地球的负荷力已经接近极限，大自然即将展开反噬。

人类渴望遨游于外太空是一个美妙的梦想，火星的地貌与地球的荒漠很相似，但是我们宁愿花如此大的气力去耗费在火星移民上，而对治理沙漠却如此吝惜？沙漠有无尽的地下水，有丰富的油气资源，有一望无边的土地，我们的祖先凭着双手赤脚衣衫褴褛曾在那里创造过无数的奇迹，今天拥有比先民们先进不知多少倍的科学技术的我们，为什么没有先民们征服沙漠的雄心，反而在风沙袭来时选择了逃避呢？这难道就是我们的所谓文明进步吗？我们伟大的科学家难道只会舍本逐末，不务正业，还是他们把追求名利看得比任何事情更重要呢？！我们把从地球上疯狂掠夺的资源耗费尽，只为满足个别精英对一个荒凉的火星的好奇，这不但是对科学的亵渎，更是对生命的不尊重。

未来百年将是全球化时代，在科学越来越发达的地区，人们越来越集中于大都会，全球都在追求城市化，但是过分地依赖大城市只是提高了局部地区的土地利用，实际上在利用这些地区土地的同时已彻底破坏了该地区的土地资源，既不合乎天道，亦不合乎人道。分散居住不但有效地克服了许多人为的社会问题，例如可以从根本上解决住房压力、减少群发性传染病灾害，舒缓人们焦虑紧张的情绪，增加就业机会，减少污染和二氧化碳排放，降解温室气体浓度，减少局部地区热岛气候和极端天气影响，减少人们过度消耗能源、商品，舒缓工业、农副业、畜牧业及渔业、电力等主要产业的压力等等。

过分地依赖大城市还会给人类带来巨大的隐患。在可预见的将来，人类必定不可避免地要面对核战争的威胁、飓风、火灾、地震、高发性传染病、大洪水、海啸乃至小行星撞击等威胁，若人类分散居住在世界广泛地区，可最大限度地减少灾难来临时的伤害，但如果人群高度集中在大城市，一旦灾难来临，人类文明将受到不可估量的毁灭性打击。因此，我们不是要把各地区的人群刻意地挤进大城市，反而应该想尽办法发展广阔的农村、山村，分流日益增加的人口压力环境压力和流通压力。

高密度发展大城市，百害而无一利。一旦受到病毒细菌的攻击，如果是发生在人口密集的大都会，将带来无法估量的损失。如果疫情发生在医疗水平欠发达地区，则可能会造成比当年黑死病更可怕的结局。面对疫情人们更多地可能把它看作是商业行为，这将带来巨大的人道危机。每一次这样的事件造成的经济损失都足够把一个撒哈拉大沙漠变成绿洲。

人类要获得和谐生活，要在地球上持久生存，就必需与其它生命共享地球，我们应该把科学技术发展的重中之重放在保育地球，保护生物多样性方面。由于矿物和化石原料都是不可再生资源，因此所有的开采业以及大部分制造业都不可能是永恒的事业，只有利用空气、土壤、水和太阳能的绿色产业才能与地球与太阳同在，人类注定永远都必需把农业放在特别重要的位置，重点优先发展农业科学，尽可能地利用最少的土地资源高效地让人们过得丰衣足食、健康快乐，倡导简单的生活富裕的心态，减少对土地的过度开发，让众生拥有更多空间。

人类有向地球索取的权利，但同时必须承担向地球奉献的义务，开发多少土地就要同时绿化多少，排出多少污染就要回收多少，只有这样，才能使地球物质不灭，生生不息。

随着人类科学技术的迅猛发展，数字经济，文化娱乐，虚拟财富变得越来越重要，人们获得财富的方式变得更便捷，与过去工业革命电气化时代相比，这种方式更注重智慧思考，而不必通过艰辛的体力劳动，这吸引更多精英通过这些方式成功。人类将为此变得更加贪婪无耻，不懂得付出、感恩。世界将变成一个只需等待收割现成财富的强盗乐园。贫困与欠发达地区进一步被掠夺、遗弃。

令人感到忧虑和悲伤的是，尽管科学技术达到了一个前所未有的高度，文明却没有与科学共同进步，人类仍然象野兽一样凭着本能生活在你死我活的丛林之中，甚至越来越变本加厉。千百年来人们只灌输了一种教育理念——怎样使自我变得更强大。尽管人类的视野和活动范围越来越广阔，可是人类却从未审视历史审视自我，不论对待其它物种，还是对待人类自己，非但没有培养出谦卑、敬畏、友善和感恩的品质，反而越来越傲慢、自大、冷漠、自私。人类社会蔓延着一种躁狂情绪，容易动怒失控，顺我者昌，逆我者亡，这种低劣的品格正在摧毁最后的人性。纵观人类进化的近一万多年的发展实际上是一种玉石俱焚的方式。人类从全球人口只有几亿变成几十亿用了不到几百年，一路杀伐血流成河，整个过程只有人类壮大了，万物都在式微。在过去的一百年里，人类科学技术得到巨大发展，可是所有的技术都用在人类更高效地掠夺地球资源，更奢侈地享受生活，更残忍地扼杀其它生命的生存空间，绝少发展技术用来修复地球，用来保护壮大其它物种上。在往后的一百年里，毫无疑问人类的科学发展愈加超乎想象，可是现实生活中人们的文明程度依然停留在野蛮时代，这样的结果必然导致科学越发达，人类反而越处于危险的边缘。一个显而易见的事实是，冷兵器时代不可能爆发一场世界大战，但是哪怕一场局部的现代战争都将可能造成毁灭人类的结局，因此对人类文明进步的要求必需提升到一个前所未有的高度，一个缺乏自律和约束的人类社会是极其可怕的。近百年的世界历史教训告诉我们，通过武力使自己强大的企图从未实现过，不管是二战时的三个发起国，还是二战结束后的局部战争，哪怕如美国一样发达的战争机器，无不以失败告终，不但为自己同时为受侵略国为全人类带去无尽的伤害。相反，无论是战后的亚洲四小龙，还是美国、德国以及当代中国，他们的成功无不证明，真正能够使国家（地区）走向繁荣富裕的因素只有三个，第一是拥有一个和平稳定的社会环境，第二是发达的科学技术和合适的发展模式，第三是万众一心自强不息的民族凝聚力，没有其它捷径。

是时候改变我们未来的方向了，可惜我和其它物种一样还没有看到曙光。

展望未来，可以预期在 300 年后石油、天然气将耗尽，500 年后金银铜耗尽，1000 年后铁镍镁锌锂耗尽，2000 年后矽硅铝锰耗尽，到那时候没有金属没有半导体，没有开采业制造业，没有玻璃没有望远镜，甚至没有高楼没有桥梁，没有汽车轮船飞机，没有卫星没有通信没有航天器，我们还有什么？我们又以何种技术向外星系传递关于我们的信息以及怎样获得外星文明的信息？2000 年时间转瞬即到，文明将何去何从？人类何去何从？

第三部分参考文献

由于这些文章写作时间跨度达二十年，有部分内容出处难免存在疏漏，不恭之处，敬请原谅。

主要参考书籍：

爱因斯坦《狭义和广义相对论浅说》

霍金《时间简史》

《果壳中的宇宙》

主要参考文章：

翟明国、《华北克拉通构造演化》《地质力学学报》2019, 25 (5)：722-745

欧阳自远、肖福根《火星探测的主要科学问题》《航天器环境工程》

2011CNKI：SUN：HTHJ. 0. 2011-03-000

邵济安等《中生代大兴安岭的隆起——一种可能的陆内造山机制》《岩石学报》10. 3321/j. issn：1000-0569. 2005

李三忠, 杨朝, 赵淑娟等《全球早古生代造山带：碰撞型造山》《吉林大学学报》(地球科学版)2016, 46 (4)：945-96

赵盼等《塔里木克拉通早新元古代聚合过程及罗迪尼亚超大陆重建》《Geology》49. DOI：10. 1130/G48837. 1

中国地质调查局西安地质调查中心 2013-01-31 二叠纪

李显武，周新民中国东南部晚中生代俯冲带探索高校地质学报 1995. 5（2）164-169

刘晓春、赵越等东南极西福尔丘陵基性岩墙群的麻粒岩化《中国矿物岩石地球化学学会第14届学术年会2013年

赵运伦，刘殿浩。牟平_乳山地区早元古代地层豆丁网，2013.8.24

苗培森等五台山区早元古代地层层序探讨中国区域地质1999.11N04-Vol18

万博等全球联动的板块构造何时启动？——来自短周期密集台阵的证据。科学进展2020年8月5日•第6卷，第32期•DOI：10.1126/sciadv.abc5491

李江海等早期碰撞造山过程与板块构造前寒武纪地质研究的机遇和挑战。地球科学进展2006.08Vol.21No.8

牛耀龄板块构造启动的时间和机制_理论和经验探索科学通报2007.03Vol52.No5

李江海.蒂姆•柯斯基.王璐团队2021-11-05长江日报

百度百科词条：赵国春

詹仁斌奥陶纪末大灭绝：单脉冲事件？地球科学评论，2019.192，15-33.（SCI）

任晓栋《阿根廷普纳高原花岗岩特征及地质意义》中国地质大学(北京)2020年硕士论文

邬介人华北陆块及陆缘古生代重要成矿作用类型和加里东构造成矿旋回的历史地位

矿床地质2004第23卷增刊

李京昌等塔里木盆地寒武纪构造演化研究地质科学 2012.0747（3）：575-587

孙克勤.华夏植物群的起源和形成机制.全国首届新学说新观点学术讨论会论文集(生命科学).北京:中国科学技术出版

本书写作过程从百度百科中吸收了很多营养，表示感谢。

封底：

每一个伟大的思想家科学家艺术家都是特立独行的，你如果把自己困在一个有限的体制内，你将不能敞开胸怀拥抱无尽的宇宙；如果你不能解放你的身体，你就不可能解放你的思想；你如果执着于已知就无法窥见未知。在这本书里我尽可能地让自己天马行空，尽管写得并不专业，但是建立的理论模型以及结论可能指向一个正确的方向，希望这些奔放的自由和无畏能够给专业研究者带来好的冲击——海纳百川有容乃大。

www.ingramcontent.com/pod-product-compliance
Lightning Source LLC
Chambersburg PA
CBHW011158220326
41597CB00026BA/4666